方始终◎著

一个人的北漂十年

总有一种青春，让我们热泪盈眶

知识产权出版社

图书在版编目（CIP）数据

总有一种青春，让我们热泪盈眶 / 方始终著 .— 北京：知识产权出版社, 2018.11

ISBN 978-7-5130-5874-2

Ⅰ. ①总… Ⅱ. ①方… Ⅲ. ①人生哲学－通俗读物 Ⅳ. ①B821-49

中国版本图书馆CIP数据核字（2018）第223112号

责任编辑：卢媛媛　　**责任印制：**刘译文

总有一种青春，让我们热泪盈眶

ZONG YOU YIZHONG QINGCHUN, RANG WOMEN RELEIYINGKUANG

方始终　著

出版发行：知识产权出版社有限责任公司　**网　址：**http://www.ipph.cn

http://www.laichushu.com

电　话：010－82004826

社　址：北京市海淀区气象路50号院　**邮　编：**100081

责编电话：010－82000860转8597　**责编邮箱：**luyuanyuan@cnipr.com

发行电话：010－82000860转8101 / 8029　**发行传真：**010－82000893 / 82003279

印　刷：三河市国英印务有限公司　**经　销：**各大网上书店、新华书店及相关专业书店

开　本：880mm×1230mm　1/32　**印　张：**7

版　次：2018年11月第1版　**印　次：**2018年11月第1次印刷

字　数：160千字　**定　价：**35.00元

ISBN 978－7－5130－5874－2

目录

C O N T E N T S

第二章　有一种青春叫苦恋，有一种青春叫惆怅

第三章　有一种青春叫孤独，有一种青春叫迷茫

第四章　有一种青春叫奋斗，有一种青春叫梦想

第五章　有一种青春叫倔强，有一种青春叫希望

自序 / 总有一种青春，让我们热泪盈眶

时光飞逝，似水流年。

可能因为“80后”那一代人大部分都已结婚生子、逐渐步入中年的缘故，我们都在感叹岁月的无情，怀恋青春的美好。它就像一记导火索，引发了人们集体怀旧情绪。前几年，《致我们终将逝去的青春》《中国合伙人》《匆匆那年》《左耳》等青春电影愈演愈烈，青春怀旧之风吹遍全国各地，大江南北，吹进每一个人的心里，也触发了我写这本书的意愿。

青春，和爱情一样，是人们总也谈论不完的永恒主题。青春是什么？答案很多样。有人说，青春就是折腾，毫无意义，因为我们在身处青春时都是懵懵懂懂，只有将它耗尽后，回过头再看青春，一切才有了意义。所以，我们应该在青春时，做自己想做的事，这样才不会让自己留下遗憾。

有人说，青春，就是由无数次跌倒、无数次疗伤和无数次的感悟组成的，这些人在青春里爱过、失恋过、一无所有过，百转愁肠，历经了沧桑，最终沉淀成一种坚定和漠然。

还有人说，青春，就是迷茫困惑孤独的那段时光，那时太年轻，总爱胡思乱想，有心事又总爱埋在心底，痛苦得不行。但是，痛苦也是一种成长。现在再回顾那段岁月，他们都已释然，并且心中充满了感恩。

而对于一些男爷们儿、女汉子来说，青春才不是什么哭哭啼啼、婆婆妈妈的小情绪，青春就应该去奋斗、去拼、去闯，趁年纪轻身体好，趁有热血有冲劲，为了一个目标去努力。时间就是这么冷酷，你不能拼出来一份事业，你过不上好的生活，怎么对得起自己的青春和家人呢？所以，此时不搏，更待何时？

而对那些有了些生活和时光阅历的人来说，青春这个话题让他们有些尴尬，因为按照世俗的观念来讲，他们的青春已经远去了，多说只能算是刚刚还能够到青春的尾巴。但是这些人又要说，谁说青春就是年轻人的专利呢？青春并不会随着年龄的增长而终结，而是永远有梦想存留于心，以及有敢于挑战实现梦想中的一切困难的勇气。每天为了梦想的实现而生活，青春就不会远去，未来就会充满无限可能。青春，就是梦想实现前的这段时间。

回首那段流金岁月，我发现我们的青春，是一种多元素、多角度的结合：热血、浪漫、奋斗、不甘、痛苦、惆怅、迷茫、孤独、倔强、坚持、成长……每个元素，都有那感动人心的故事；每则故事，都是铭刻在我们青春的印记。在此，我把我的十年青春故事和体会展现给读者们，一同来铭记这段让我们热泪盈眶的青春吧！

致青春——王菲

第一章 / 有一种青春叫自由，有一种青春叫流浪

一个人如果能在早晨起来，晚上睡下，其间又在干他想干的事，而且不愁衣食，那么，他成功了。

——鲍勃·迪伦

2004年和2005年是我来北京最初的两年。

那时的我，对北京充满着好奇，自己一个人跑到北京来，体会到了前所未有的自由。

那时的我，非常年轻，还没有女朋友，觉得婚姻和事业离我还很遥远，就是想着能多走走多看看，多认识一些人，多经历一些事，自由自在，肆意挥发青春的荷尔蒙。

那时的我，生活很清贫，基本住在前门大栅栏一带，搬了N次家，工作也不是很稳定，准确地说，更像是在北京流浪。

那时的我，本着“一人吃饱，全家不愁”的原则，没心没肺地活着。

那时的我，所谓的梦想，更像是幻想，现在看来，真的是幼稚得可笑。

有的人会觉得，这些大好时光，不去学习不去充电不去全力以赴地挣钱，有些荒废了，而我却觉得，这段时光带给了我最纯粹的快乐，我很感恩这段时光，我不后悔。

这种青春，就是以自己想要的方式生活，过程中，虽然会有一些曲折、反复，但是绝对是有意义的。这段青春，犹如波尔卡舞曲，奏起了欢快的节奏，充满了梦幻般的瑰丽色彩。

选择来北京，我一生中最重要的决定

2004年春日的黎明，一个睡眼惺忪的小伙子，拉着行李箱走出了北京站。他仔细打量着四周陌生的景象，心中一阵欣喜：独自一人闯天下的愿望，终于在今天实现了！

是的，那个小伙子就是我，一个大学刚毕业的ABC铝业的销售员，第一次出差到北京。对于刚走入社会的年轻人来说，这是一个非常好的学习和历练的机会，对这份工作，我是抱着珍惜和感恩的心态，想尽十二分的努力干好的。

踏上北京这片陌生的土地，我的心中兴奋异常，为自己能够冲出家里的樊笼而欢呼雀跃。对于一直生活在一个东北的小城市、很少出远门的我来说，外面的世界充满了诱惑力。梦中的繁华终于浮现在眼前，那股兴奋劲儿，自不待言。

我大学学的是市场营销专业，但是自己并不喜欢这个专业，对营销相关的销售工作也极为排斥，所以毕业后找工作一直很消极。当初选择来北京，是一个很偶然的机会。我现在还记得，当时应聘ABC铝业公司，看见职位是销售员，我皱了一下眉头，但是又看见，这份工作要常年出差，我立马又来了兴致，心想，只要能出差，去大城市见见世面，哪怕是我不喜欢的销售工作我也认了。就这样，分市场时，在我眼前的北京、天津、上海市场三个选项里，我毫不犹豫地选择了北京。选择北京不仅因为它是首都，是全国的文化中心，跟我的兴趣爱好对口，还因为当时我有一个心结（后面我会讲到这个心结是什么）。当时我怎么也想不到，我的这个决定改变了我的人生轨迹。

话说，当时和我一起来北京出差的共有3个人——我、曾哥和洪叔，其中曾哥是先期来北京出差的老员工，洪叔则是我和一同入职的新员工。当时，我们3人入住在前门的空军招待所，划分好地区，每天各跑各的市场：曾哥跑朝阳区，洪叔跑丰台区，我跑海淀和石景山区。每天吃完早点后，我便拿着公司产品资料和北京地图，去前门公交车站，开始我一天繁忙的工作。从4月到8月，我每天穿梭于北京各个区域路线，对北京有了更深的认识和了解。但不久，曾哥和洪叔因为一直没有出成绩，先后离开了公司。6月，又有两名新同事被分到了北京。由于和他们不是很熟，所以从那之后，我基本上就是一个人跑市场，同时也为自己一直不出成绩而担忧起来——公司有规定，四个月不出成绩是要自动走人的。

与此同时，在我一个人住招待所的两个月里，我认识了一个好朋友，让我的北京生活不再孤单，他就是比我小整4岁的周小天，在北大青鸟学习计算机网站设计。这个来自陕西汉中的小伙子很幽默，脑瓜也很聪明，通过他，我又结识了很多的朋友，让我的北京生活多了许多乐趣。

话说8月底回鞍山，总结这月的工作时，我心里就已经决定了，由于我一直没有出成绩，所以我决定辞去ABC铝业公司的业务工作，人事关系转移到北京，因为这里有一家铝材经销商愿意和ABC铝业公司合作，在北京建立办事处，人事归北京的经销商管理，所以我如愿地“跳槽”到了北京公司，职务还是销售员。虽然吃住自理，没有补助，但我也心甘情愿，因为这就意味着，从此我是真正在北京生活了。

那时的我，对一切都很不在乎，凡事看得很开，毕竟孤身一人，不用计较太多的利益得失，能来到北京，对我来说就是一个进步。这里没人认识我，我也不认识他们，我是自由的。而且我还很年轻，未来无限可能，有大把的青春可以挥霍。我的目的就一个：多走走，多看看，丰富我的阅历。我明白，这些经历都是宝贵的财富，这些过往注定都会成为我美好的记忆。

曾经的你——许巍

梦想、工作、爱情是北京生活不可缺少的三要素，
缺少任何一个，
北京生活的质量都会大打折扣，
缺少了两个要素，你就无法在北京待下去，
就会想着换个城市生活了。

青春的乐事就是和兄弟们一起疯狂，一起迷茫

在北京办事处，我最惬意的一点就是同事都很交心。大家年龄相仿，彼此都是刚毕业不久的北漂青年，再加上我们每天出去跑业务都是开一辆车，所以经常在一起吃饭喝酒，很快就成为无话不谈的兄弟了。

同事金少华是公司的老员工，比我小一岁，大学刚毕业，曾经是校学生会干部，口才好，富有组织才能。同事徐珲和陈重与我一同入职，比我大一两岁，也是大学学历，在北京已经闯荡有几年了，也都挺能说会道的。相对而言，我性格要内向不少，书生气十足，不管去哪里，包里总是放一本文学名著。

之前给厂里干活，基本不受约束，月底给厂里打一份工作报告就行了，但是在这里就完全不一样了，每天朝九晚五，上班要刷卡报到，迟到了要扣钱。不久，北京公司便派给我们一个组长——马建。组长这个人比较江湖，迎面笑脸，很能讨老板的欢喜，是一个非常有心计的人。因为我们这个组名义上是作为厂家的驻京办事处，但是人事上是归北京经销商管理，所以我们做业务是受厂家和经销商双重的压力。我们的品牌知名度太低，又是

新开发市场，所以前期在没有广告配合下，开拓市场是很难的，几个月下来，没有成绩，大伙都感到有些危机感了，作为组长的马建，自然是首当其冲。他便私下跟我拉近关系，套我的客户信息，那些有意向的，他都会默默记录下来，然后不打招呼地抢我的客户，而且还会离间我们几个小同事的关系，他好坐收渔翁之利。

那段日子是灰暗的，我们都感到了深深的挫败感，觉得自己的辛苦到头来都成了别人的果实，对工作失去了动力。虽然每天的工作有些郁闷，但是我和这几个同事关系都很铁，谈客户时，我们也会互相帮衬，事后也不会为这个客户应该归谁而产生争执，大伙都是很大度谦让的。

和组长闹矛盾后，我们的心情都不太好，所以，便利用工作用车之便，去了北京周边很多地方游玩。同时，为了排解心中的烦闷，我们下班后经常聚在一起借酒消愁，有时一喝就是一个通宵，我在其中也喝醉过很多次。毕竟我们当时都很年轻，疯起来不知节制。那时，交通法规还不像现在这么严格，我们当中徐珲的酒量最好，车开得也最稳，所以喝完酒，经常是他开车，带着我们去兜风。有一次我们喝完酒，都不想回家，他便驱车带我们直奔天安门广场，在长安街转了一圈。半夜12点，在宽阔的长安街上，我们带着微醺的酒意，释放着青春荷尔蒙，怒刷着自己在北京的存在感。

在和金少华、徐珲、陈重开车跑客户的100多天里，我们在车上听着音乐，几乎跑遍了北京所有的郊区。在秋天黄叶满地的大道上，在整片红枫林的山谷中，我们就像一支四人组合的乐队，在朝阳和夕阳下摇摆，带着稚气和颓废，哼唱青春的迷茫、欢笑与苦恼。

我现在仍然记得当时车上播放的几首歌曲，每当听到这些歌曲时，我都会回忆起当年的快乐时光：比如朴树的《生如夏花》、陈奕迅的《十年》、汪峰的《飞得更高》，比如孙燕姿的《遇见》《难得一见》，比如Usher的《Yeah!》，后街男孩的《Every body》，老鹰乐队的《加州旅馆》以及西城男孩的歌等。（那一年，何炅的《橘子花开》，周杰伦的《七里香》《东风破》，许巍的《曾经的你》《那一年》，羽泉的《奔跑》，林俊杰的《江南》，周传雄的《寂寞沙洲冷》，王心凌的《第一次爱的人》，谭咏麟的《披着羊皮的狼》，蔡依林的《爱情三十六计》，刀郎的《2002年的第一场雪》等歌曲唱遍了大街小巷。）

当然，那时的我们也不光是吃喝玩乐，大伙也会经常谈谈自己的理想，其中作为曾经的学生会干部的金少华，在我们喝酒时，经常说的一句话就是："无志之人常立志，有志之人立长志。"还有他经常唱的、总是走调的一首歌——《飞得更高》：

生命就像一条大河
时而宁静时而疯狂
现实就像一把枷锁
把我捆住无法挣脱
这谜样的生活锋利如刀
一次次将我重伤
我知道我要的那种幸福
就在那片更高的天空
我要飞得更高　飞得更高
狂风一样舞蹈　挣脱怀抱
我要飞得更高　飞得更高
翅膀卷起风暴　心生呼啸
飞得更高
……

后来不久，我终于出了成绩，卖出了一吨多的铝材，但是压力并没有减轻多少。前面我也说过，我的内心其实并不喜欢销售工作，再加上组长抢我的客户，心里很压抑，每天跑客户就是应付差事，根本没有用心。又过了几个月，我一直没有成绩，老板单独找我谈话，说是从下个月开始，我的工资要减半，什么时候出单了，再把我的工资恢复并补回来。我微微笑了笑，第二天便不辞而别，连800元的抵押金也没要。有人说我很拽，把老板炒鱿鱼了，但也有人会说我很傻，说那些押金完全可以要回来的。没办法，这就是那时的我，率性而为，可能有点二，但真的是很快乐很自在。

就这样，我在北京的第一份工作，前后不到一年便画上了句号，收获谈不上，但是确实很难忘。如今，我那几个同事都已不在北京了，天各一方，早已结婚生子，只是不知他们是否还会回忆起那段时光，那段值得永久纪念的青葱印记。

生如夏花——朴树

那些年，大栅栏的繁华盛景

北京给我印象最深的，就是前门的大栅栏了。2004年，这里每天都是人声鼎沸，车水马龙，川流不息。这里古色古香的建筑风格、目不暇接的百年老店、眼花缭乱的各种特色小吃、琳琅满目的工艺品，都是我从未接触过的。感觉就像在电视里看到或者诗歌里描写的大唐盛世时的长安，或者如《清明上河图》描画的东京汴梁城，那番繁华景象，每次回忆起来，心里都是一种留恋和神往。虽说现在的大栅栏翻修一番后更亮丽了，但那种古色古香的味道却从此不再，那种神往的感觉只能在梦中去体验了。

我在北京这十多年，其中有七年多的时间是在前门的大栅栏度过的。这里就是我在北京的家。我在北京的生活就是从这里开始的。

有时候我总觉得，缘分这东西，真的是很神奇，我对北京，我对大栅栏，可以说就是天生有这种缘分吧。二十多年前，我们全家人来北京旅游，那是我第一次来北京，也是我第一次出这么远的门，所以给我留下了极其深刻的记忆。记得当时，我们在马圈长途客运站下的车，然后在天安门附近找旅馆，最终入住的就是前门大栅栏。我还记得确切的位置就是现在的前门西供电局对面的胡同里。那个旅馆如今已经不存在了，早已变为一所小学，但是周围的环境带给我的感受却仍然还是那么熟悉。

2004年春，我第二次来到北京，机缘巧合，我又是住在大栅栏。那次下火车，本来是不想在市中心找旅馆的，因为担心市中心旅游景点多，人多且乱，而且物价高，所以我和同事洪叔在北京站最近的公交站点坐104路，去的北四环内五路居，打算去那里看看住处。结果大失所望，那里不仅旅馆少，而且环境差、价格贵，无奈之下，给我们那个老同事，也就是先前在北京已出差两个月的曾哥打电话，才知道他住在前门大栅栏，听说那里价格便宜而且交通购物很方便，这样我们就回去了。这就是缘分吧，命中注定。

虽说二十年前我也住在大栅栏，但是那时我们家人来京旅游时间紧，只知道往天安门转悠，所以并没有太多留意这边的风景。这回在曾哥的带领下，我又重走了一把青春路，住进了打磨厂胡同的空军招待所。中午时，我们几个便去附近找饭馆，顺便游览了大栅栏的闹市。看见这里车水马龙人山人海，马路两边、胡同里的店铺鳞次栉比，什么卖衣帽的，卖手工艺品的，卖各种各样叫不上来名的小吃的，真是让人眼花缭乱。步瀛斋、张一元、瑞蚨祥、同仁堂、全聚德、便宜坊等百年老店，让人目不暇接。

走进胡同深处，经常会看见一些老建筑，看样子至少有一百年的历史，上边刻的繁体字已经模糊不清，仿佛向我述说着很久很久以前在这里发生的故事。后来我才知道，1900年，义和团把这里都烧了个遍，因此这里的建筑基本上都是清末民初建起来的。虽然后来也翻修过几次，但由于年代过于久远，再加上这里人流攒动、车水马龙的，缺少管理和保护，老建筑都成了危房，需要大修了。最重要的一点是，市政府为了迎接2008年奥运会，花大力气把前门大栅栏地区彻底地改造一下，所以才有了现在我们看到的情景。

前门大栅栏以2007年为界，之前是梦幻时期，之后是新时期。我2004年来北京，见证了大栅栏的梦幻时期。为何叫梦幻？因为那时的大栅栏，对于我来说是浪漫的、古典的，充满着神秘色彩。

我到现在仍然忘不了，一个冬日的深夜里，在大栅栏的一家小吃摊上吃过的土豆粉味道真是棒极了。而且很实惠，一份才2元。也忘不了一个夏日的夜晚，我和朋友在一个二层小楼，一个古装风格的饭店里吃饭听戏的经历，恍惚间有种穿越到明清的感觉。

但是2007年，我回老家半年，参加自学考试后再次来北京时，发现大栅栏东的平房大部分都已经拆了。大栅栏街变成了步行街。汽车来回通过，要走新建的东西两条马路。现在繁华的地方只限于大栅栏以西，面积要比以前小了近一半。而且好多老字号的小吃都搬走了，仅有的价格也不再亲民，步行街两边有很多商铺，售卖高档服装、工艺品之类，虽然很精致，很上档次，但是老北京平民风味全然不再，以往的浪漫繁华梦幻气息全无。

总之，一切都变了，那时的大栅栏是一条真正的商业街，很多北京人和外地游客来这里闲逛、购物，感受着原汁原味儿的老北京风情。现在呢，铺上了大理石路，店铺焕然一新，两边高档而现代的店铺林立而起，什么麦当劳、肯德基，什么台湾小吃一条街，完全感受不到那个味儿了，历史感、古典味儿全没有了。

只是可惜，我2004年那时没有带着照相机多拍几张照片，把那些老建筑、老店铺都拍下来，那样的话我就可以保留着给我的后人看看了。这些景象只能存在我的记忆之中了。

从2004年到2012年，我在大栅栏住过打磨厂西街、北芦草园胡同、南芦草园胡同、得丰东巷、大江胡同、韩家胡同。其中，我在韩家胡同居住了三年多，这里是著名的“八大胡同”之一，也就是旧时的烟花柳巷。韩家胡同过去叫韩家潭，这个地方跟戏剧有着颇深的渊源，300多年前，这里是明末清初著名戏剧家李渔的故居。乾隆时期，徽班进京，便入住在韩家胡同，也就是说，京剧是从这里走上京城舞台的。梨园行有句老话：“人不辞路，虎不辞山，唱戏的离不开韩家潭。”因此，韩家胡同被誉为京剧艺术的发祥地。

八大胡同最名噪一时的还是在民国初期，像名妓赛金花，小凤仙和蔡锷将军的故事都是在这里发生的。游客们有耐心的话，可以在这里找到他们当年居住过的地方。

出了韩家胡同往西南便是虎坊桥。虎坊桥往东不远，便是纪晓岚故居。对，就是那个智斗和珅的“铁齿铜牙”纪晓岚。但是这个故居特别小，不仔细瞧，根本找不到。可见纪大人确实是个清官，十分平民化。他的故居又叫阅微草堂，其小说集《阅微草堂笔记》应该是家喻户晓吧。

回过头再说虎坊桥，这里有一处景点不得不瞧，那就是湖广会馆。湖广会馆建成于清朝嘉庆年间，一开始只是一个私宅，后来成了唱戏的剧院。从外面看，湖广会馆同样是很不起眼，就是一排古色古香的平房，但是里面却是别有洞天。清末民初，这里成了社会名流风云际会之地，革命党人孙中山、宋教仁、章太炎，梨园泰斗谭鑫培、梅兰芳都在此地留下过身影。张之洞的爷爷曾在这里住过，曾国藩在这里办过六十大寿，最为有名的是，孙中山就是在这里宣布国民党成立的，其后国民党“教父”宋教仁被刺，也是在这里举办的追悼会。前几年，中国台湾地区国民党主席吴伯雄来北京访问，特地来到湖广会馆参观。可以想见它的地位。

另外，再偷偷地告诉你，湖广会馆据说是北京“四大凶宅”之一（其他三处是：朝内大街81号，西单小石虎胡同33号，西安门礼王府）。这也是我最近才知道的，想想当年我在那里住过三年，后背都冒凉风啊。想想也是，这里离菜市口太近了，听说维新变法的谭嗣同在此“引刀成一快”时，这一带就是乱坟岗，十分荒凉。想想我都后怕，那几年我在湖广会馆西面的平房群里走过夜路，那时这里的房子正在拆迁，基本没有人住，到处一片荒凉。我要是知道这里一百多年前竟然是坟地，打死我也不敢走啊。

……

一转眼，我搬出大栅栏已经有三四年了，十分想念时，也会回去看看。前不久我回去时，以前的房东看到我，还会十分热情地打招呼，拍拍我的肩膀，询问我的近况。他说，他们也要搬走了，这里不久就要翻修改造了。想到这里在不久的将来就要面目全非，我有些难过和不舍。我仔细打量着这幢破破的小楼和四周的景色，想把这个画面深深地烙印在心里。此时此刻，真希望时间能够在此停留，让我能有更多的时间来追忆我在大栅栏的青葱岁月啊。然而，正所谓，天下没有不散的筵席。时光终将无法挽留，美好的景象终将化为尘埃。我心里无限悲伤，眼角也禁不住有些湿润了。然而，我还是很知足和庆幸的，那些年，我在这里挥洒汗水和泪水，在这里留下足迹和欢歌笑语，这些早已融入泥土，融入我的记忆，编织成了我青春的一部分。我，又有何求呢？

假如爱有天意——李健

古典北京与现代北京的梦幻交织

北京是个集古典与现代为一体的城市，古典的代表是北京的胡同文化、四合院文化，现代的代表是中关村电子软件产业园和国贸CBD中央商务区。因为常年居住在大栅栏，所以我有幸近距离接触了红墙绿瓦的胡同和四合院；同时也因为我表哥的缘故，让我有机会接触了一水的玻璃幕墙、高楼群立的CBD。这两种画风完全不搭，但确实同在一座城市，让我真切体会到了古典与现代的时光穿梭。

先说四合院。

我说的四合院是个广义的说法，其实就是很老的平房、小楼等建筑。毕竟，四合院现在北京已经很少了，基本上都是名人故居，平头百姓很少有机会居住。我那时在北京住的基本上都是大杂院和老房子。

我喜欢历史，喜欢那种古色古香的感觉，所以那些老房子很对我的胃口。在老家，我和朋友经常去逛市中心的“台町”，那里是20世纪日本侵占东北时，日本人建的小别墅。这些小洋楼保存完好，很有民国和日本特色，在那里转转，别有一番风味。从那时起，我就迷上了老房子。所以去天津玩儿时，我会首先去民国时期洋人的租界，看看那里的教堂、银行等老建筑；去青岛，我会想到去八大关逛逛，看看那里民国时期建的小洋楼什么的。

我在北京的生活始于打磨厂胡同，那里留下了我的满满回忆。我在那里先后住过空军招待所和公交招待所。空军招待所是我最开始来北京住的地方，这座楼至少有40年的历史，属于“文化大革命”以后的现代建筑，普通客房里有三张床位，每张床位每天20元钱。那时，我们每天7点起床，洗漱完毕，七点半到招待所后面的饭馆吃早点。这里的早点和其他的北京早点一样，有馒头、油条、包子、茶叶蛋、咸菜、豆浆、小米粥、豆腐脑等。由于饭馆是招待所内设的，基本不对外，所以食客比较固定，比较少，很安静。吃完饭，我们几位大侠就各奔东西，开始一天的工作了。

在空军招待所住了两个月之后，我的这两位伙伴便双双离职了，这样就只剩下了我一个人。在这之前，我顺这个打磨厂胡同往里走，找到了一个很有特色的招待所——公交招待所，这里价格很便宜，包月只有300元。我走进去一看，这里的风格和空军招待所完全不一样，这座楼的历史至少有100年了，是个四合院式三层楼，古色古香，房间分布在四周，中间是露天空地，楼梯走廊都是木制的，很有民国风味。听说这里在民国时是一个妓院也可能是个大烟馆。我住的那间房面积很大，有四张床位，里面还配有很古朴的大桌子（写字台），还有两个老式的单人沙发。当时正值6月，我跟在这里结识的室友周小天一起观看了2004年欧锦赛，见证了希腊足球队夺冠的“神话”。

如今，公交招待所早已改名为春豪宾馆，门前的打磨厂胡同也已经开始整修。我站在这里，看见四周一片荒芜，不见人烟，有种恍如隔世之感。

北京最现代最繁华地方是哪儿？对，就是国贸。那里是CBD，全是高楼大厦。2004年，我来北京的第一年，有幸在这里的国贸宾馆和建国门大饭店住过两日。

那时，我的表哥在北京出差，他的公司安排入住的就是这两个饭店。让我出糗的是，那时我连“CBD”是什么意思都不懂，还以为翻译过来就是“差不多”（cbd）的意思。

平生第一次来到这么现代繁华的地方的我，有点像《北京人在纽约》里的姜文来美国看见纽约的曼哈顿一样，充满了惊叹和好奇。有时早上起来，走在大街上，都会怀疑自己是不是在做梦。

说起CBD，也让我想起了电影《致青春》里有一个片段：

大学毕业吃散伙饭时，张开为了安慰身边几位哭哭啼啼的女生，大叫着要说些慷慨激昂的话，然后便朗诵了苏东坡的豪放词："云海天涯两渺茫，何日功成，还乡！醉笑陪公三万场，不用诉离殇！"然后画面便切换到了多年后，一辆飞驰的轿车，奔驰在北京CBD的国贸桥上，马路两边的摩天大楼纷纷臣服在后，甚是壮观、快意！

从此，CBD就成了我立誓明志的地方，想着有朝一日，在这里开公司，在大厦的最高层，拉开窗帘，坐在老板椅上，休会着一览众山小、君临天下的豪迈。

为梦而生——水木年华

所谓人生，就是计划之外发生的事

刚来北京不久，因为每天的业余时间很充裕，所以我便有了继续学习的想法。正如我在大学时不喜欢市场营销专业，便自己报了比较喜欢的中文专业自学考试一样，这次我报了电子技术专业，所不同的是，这个专业我也不喜欢，甚至有些讨厌。不喜欢这个专业，为何要去学呢？我当时内心也很纠结，毕竟这个专业毕业了相对会比较好找工作，要比市场营销专业和中文专业有更过硬的技术，将来工作会更体面、更稳定多金一些。虽然中文专业我很喜欢，但为了“钱途”着想，也只能忍痛割爱了。

那时我的想法很天真，计划是在北京四年，把这个专业学历拿到手，到2008年奥运会后，离开北京去上海，利用电子技术专业来找工作。两年后，也就是2010年上海世博会后离开上海，用这两年的积蓄申请去日本工作，甚至将来在日本工作生活。这个计划真的是很宏大。去日本生活，我现在想都不敢想。哈哈，那时的我太年轻，有些理想太天真，容易变成了幻想。但是请原谅我那时的妄想，因为年轻，因为我的生活实在是找不到出路。我渴望着能够在社会中找到位置，渴望有属于自己的存在。那时，我知道我喜欢历史、文学，但是我也很苦恼这些东西无法帮自己找到被人所承认和养活自己的工作。我只能苦苦探寻另一条出路。

在此，我要感谢我那次在北京自学考试给我判卷的老师，是您的严格，让我两门都没有通过，从而让我打消了继续学习电子技术的计划。否则，我现在很有可能是一个在上海的半吊子电气工程师或者无业游民。

经过了这几年的经历，我越发觉得，找工作不能短视地只看这份工作的待遇，而是要不停地叩问自己的内心，我是否真的适合这份工作，是否真的喜欢它，是否会从中得到满足感和成就感。我认为这些东西才是最重要的。如果内心不喜欢，觉得不适合，那么几年后肯定会有所倦怠，会把每天8小时的工作当成一种煎熬，将来很有可能会爆发“中年危机”的。这个道理放在找结婚伴侣上同样适用。

那时的我，十分喜欢订计划。翻开我的日记本，每年的年底和年初，我都会罗列出新年的计划，但是一年年过去后，我发现，真正能实现的计划寥寥无几。一方面是我还缺少一些恒心；另一方面也说明，计划往往没有变化快，到了那个时刻，我的心境就变了，我又萌生了新的计划和追求，比原来的更好，更适合。所以，“订”计划不能说是“定”计划，因为人生有着太多的不确定，我们永远不知道在人生的下一个转角处会遇见什么。就像一句话说的：所谓人生，就是计划之外发生的事。

成功只有一种，就是以自己喜欢的方式过一生

之所以说我和北京有缘分，有一个原因就是，我最大的爱好是历史，所以能来到这个五朝古都生活，感到十分荣幸。

从小到大，我的性格一直很内向，不是那种活泛的人，学习成绩也很一般，有时自己也挺看不起自己的，觉得自己没什么擅长的。上高中时，还曾因为自卑，而一度想自杀过。走入社会，也对自己很迷茫，觉得自己身无长技，怎么在这个竞争激烈的社会立足呢？

那时的我，业余时间喜欢看足球赛，喜欢看历史书，喜欢旅游……在这些爱好里，我最喜欢的是历史，因为我对它的痴迷已经有20多年了。记得从上小学三四年级开始，我在放寒暑假时，就经常翻阅哥哥、舅舅们的高中地理、历史教科书，津津有味地一看就是一天。但是家里人对我的这个爱好并不是很支持，觉得痴迷这些会影响主科的成绩，尤其是初中中考时，根本就不考地理和历史，所以我父母很反对我学这些，认为都是没有用的东

西。后来慢慢大了一些，我也明白了，专门学习历史科目将来能从事的工作有限。大学里，历史算是个冷门的专业，看看中国社会科学院历史研究所吧，里面的专家教授们都是一些老头子，年轻人很少。在科学技术是第一生产力的今天，学数理化才是王道，我身边的同学都很明白，要想将来找一份好工作，都纷纷报考金融、电子商务、计算机、电子技术、建筑、医学等热门专业。历史就像一棵无人问津的小草，冷冷凄凄惨惨。所以，我也从来没把自己对于历史的爱好，当成一技之长来看待，就这样一直卑微地活着。

自从来到北京这个古都之后，突然让我发现，我的历史知识是有价值的，这座城市里的每一处，都是一部历史，都有鲜活的故事。我漫步在故宫、前门、八大胡同、湖广会馆、菜市口等，历史的厚重、沧桑之感令我心旷神怡。我在这里终于找到了久违的自己。

在北京，我不仅仅是单纯地工作挣钱，我也要从中找到我自己的生活，活出自己的人生。这也让我觉得，能来到北京，真的是一件特别有意义、很幸运的事。

出租房里故事多

前面已经说过，在大栅栏，我住过很多地方，体会到了各种风味的老房子，给我留下了极为深刻的印象。同时，可能受大栅栏的热闹繁华的感染，这里的房东和住户也都很热情，邻里之间也丝毫不生分，给我留下了浓浓的记忆。

说到这，我有一个感受，我发觉十年前的人们要比现在的人热情，没有什么猜忌、戒备之心，比如那时坐火车往返在故乡和北京的路上，坐在我身边的陌生人彼此之间都会很热情地聊天，虽然我不是性格外向的人，但是多少也能跟他们搭上话，简单聊上几句。而如今，我坐火车就不再有这种情况了，大家相对无言，各玩各的手机，就当彼此是空气，感觉旅途少了很多乐趣。

还是言归正传吧。

话说我在大栅栏的出租房里，发生过很多有趣而难忘的事，其中有一件事比较有意思，让我明白了男女之间的缜密心思。

我还记得当时住在我对门的一户人家，里面住着两个人，好像是母女俩。平时见面很少打招呼。那个小姑娘20岁出头的样子，每次见到我都分外害羞脸红。当时，我还和周小天一起住，我为了能多挣点钱，周六日也要出去做兼职，所以每天早出晚归，很少在家。而周小天不同，他每周只有三天去学校上课，所以有很多业余时间，有时白天一整天都闷在家里玩电脑。有一天晚上，我回来，他对我说：“对门的那个女孩好像对你有意思哦，她白天来过这里，跟我聊了一会儿，向我打听了很多你的消息。”我看了一下床，看见她居然把我早上丢在床上换下的衣服都叠好了。但同时我也发现，这里也有周小天的衣服，而且听周小天说，那个女孩待了好长时间，所以我也打趣道：“我看那个女孩是对你有意思吧。”

不久，有一天，我回来时发现忘带了门钥匙，而周小天正上课，一时还回不来，我就合计着借机去对门的那个女孩家坐一会儿，验证一下周小天说的话是否属实。当我敲门时，不知怎地，我的心怦怦直跳起来。而我只敲了一下门，那个女孩便用颤抖的声音答应了一下，给我开了门（原来她早知道我回来了，在暗中偷窥我）。我进了门解释了一下情况，她便招呼我坐下了，又是给我倒水，又是整理衣物，能感到她十分紧张。我们简单闲聊了几句，发觉彼此都有些尴尬，看见她因为紧张而憋红的小脸，我也莫名地紧张得不行，于是找借口说还有点事，便离开了。之后没几天，那家人便悄无声息地搬走了。

知道她们搬走后，我有些好奇地推开了她们的房门，发现桌子上有一个小本子，不知是忘记拿走了，还是有意为之。翻开一看，我惊呆了，只见数十页写的都是我和周小天的名字，还有十几首关于爱情的诗歌，有些诗，感觉像是她自己创作的，哀婉而绝望。可见，她的爱慕之情是如此之深，憋在心里是如此之难受啊！这是我万万没有想到的。她或许喜欢我，或许爱着周小天。虽然周小天总是嬉皮笑脸地打趣我，但我清楚，我不善言辞，羞于表达，木讷严肃。相反，周小天幽默风趣，喜好电脑，喜好时尚，脑袋聪明伶俐，年龄也和那个姑娘相仿。

但不管她喜欢谁，通过这件事，也让我明白了，20岁左右的女孩对爱情的痴迷竟然如此热烈！也奉劝那些暗恋对方的年轻人，爱他（她）就勇敢地表达出来吧，憋在心里太难受了，说不准对方比你爱得还要深，憋得还要难受呢！青春只有一次，不要给自己留下遗憾。

第一次爱的人——王心凌

总有一次流泪，让我们瞬间长大

在来北京前，我曾经受过一次打击，这就是我前面提到的，最初选择来北京的那个心结。

成年以后，我痛哭流涕的时候屈指可数，最为铭刻在心的一次就是2004年来京前的那次了。那年春天，在来到ABC铝业之前，我曾应聘过一个做广播电视器材的公司，应聘的职位是业务员，需要经常出差。我因为是市场营销专业，比较对口，所以面试很顺利地通过了，但是在试用期的时候，老板发现我性格内向，不太善于和大家交流互动，所以没几天就被pass了。我还记得那时候，公司正在为去北京参加展会而准备，每天都在整理那些广播电视器材。我就是在公司给业务员买去往北京的火车票的前一天，被刷下来的。之前，妈妈还特意给我买了一个背包，用来去北京装生活用品的，万万没想到，最后居然是这个结果。所以回到家后，我一时接受不了这个现实，自卑、羞愧、委屈、痛苦等情绪一并袭来，再也忍不住了，哭了起来。

那段时期，我很迷茫，我觉得我不适合做销售工作，我真的不是很爱说话，也觉得跟别人没什么可聊的，而且对广播电视器材这一类的电子机械制品一点也不感兴趣。我只是对北京十分向往，生活在小城市，看惯了这里的一草一木，十分渴望外面的世界。

那次痛哭之后，我并没有消沉气馁，反而更加坚定了我要走出去的决心。幸运的是，老天很眷顾我，它没有让我在同一个地方摔倒两次。不久，我去ABC铝业应聘成功，并且考核也通过了，在划分市场时，我恰恰有机会选到了北京——这和之前的那家广播电视器材公司的北京之行相差不到半个月时间。

所以说，我发现有时候老天就是在考验你的决心，事先给你设置障碍，看看你的态度，看你是否还会那么锲而不舍，如果这时你仍然那么坚定，那么老天也不会为难你的。可以说，我的北京之行，是老天和命运给我的奖赏。

现在回过头来看，我发现，那次被广电公司刷掉，只是一个提醒。似乎提醒我，可以离开家乡，去北京碰碰运气，但是又告诉我，自己性格真的不适合做销售。我也是从那次痛哭后，开始审视自己的职业规划，对自己业务员的职业方向画了大大的问号，所以来北京之后的种种经历，使我慢慢开始顺着我最终喜好的工作方向发展。

总有一次流泪，让我们瞬间长大。我就是从那次流泪之后不久来到了北京，开始了我的新生活。人们总说男儿有泪不轻弹，但我并不认为那次流泪很丢人，那是我人生低谷时的一次宣泄，是命运的一次转折。

亲爱的读者朋友，在你的青春岁月里，如果经历了诸如被公司炒鱿鱼、被女（男）朋友甩等挫折，我认为那都是再正常不过的事，没什么可丢人的。这次失意，很有可能就是下次成功的开始。最关键的是，通过这次挫折，会让你更清楚地了解自己，及时矫正自己的方向，最终获得你想要的生活。

笨小孩——刘德华

2004年印记

2004年，我最难忘的时刻就是在大栅栏的公交招待所熬夜看欧锦赛，同时白天还能正常地跑业务。那一届欧锦赛，新冒出了很多球星，比如鲁尼、罗本、伊布、C罗（那时还叫小小罗），如今都已成长为足坛巨星。最终获得冠军的居然是名不见经传的希腊队，有趣的是，希腊队球员的名字特别长，解说员念他们的名字时经常念得拌嘴。

2004年，还有一个印象深刻的就是那一年的希腊奥运会。在希腊足球队创造了“希腊神话”之后，在希腊举办的奥运会上，中国体育代表团的成绩也十分出色，金牌和奖牌数都创造了历史性突破，获得了第二名。其中印象最为深刻的就是刘翔的100米跨栏冠军了，那场比赛我看的直播，真是过瘾，比赛紧张得叫人窒息，刘翔的霸气庆祝，令人血脉贲张！

活出自我，才能活得传奇

北京另一个吸引我的地方，就是这里有很多怀揣梦想、坚定执着的人。记得我刚来北京的时候，我的同事金少华的室友就是这样的一个人。他是学美术专业的，师范学院毕业，本来可以当一名美术老师的。按理说这样的工作，收入很可观，也很稳定，是很多人所羡慕的，但是他内心喜欢的是表演艺术，硬是孤身一人来到北京，要圆他的梦。

和他第一次见面，是在医院里。当时我的这个同事得了急性阑尾炎，需要住院治疗，我在医院陪护他，他的室友也来看望他。第一次见他，发现他长得十分帅气，眼角含笑，很有亲和力，确实很适合从事演艺行业。他跟我说，他骨子里喜欢表演，喜欢戏剧，但是家里人都反对，觉得干这些太不实际。他画画不错，美工很见功力，所以家里人才让他报考美术专业的。但是他不是个好静的人，而是喜欢和人交流，思维活跃，很具表现力。所以一毕业，他就偷偷地跑了出来，来到了北京，在这个文化之都，想碰碰运气，能圆他的导演梦。

在这里他无亲无故，没有靠山和伯乐，只能靠自己。他应聘了群众演员，经常跟组跑场，挣得微薄的工钱只够自己填饱肚子。由于家里反对，他也很骨气地不跟家里要补贴。我问他，为了这个遥远的梦想而过着这么艰苦的生活值得吗？有没有打退堂鼓的时候？他没有直接回答我，而是说着他在跟剧组时的所见所闻，眉飞色舞地描绘着他对于演员表演，对于导演的组织策划的种种见解。他的眼睛炯炯有神，透着一股坚定。那一刻，我第一次感受到了精神的力量，那种气场震慑了我，简直势不可挡。我很敬佩他的冲天豪气，和敢于为了梦想而破釜沉舟的劲头。

如今，我和他早已失去了联系，也不知他是否还在北京，是否已圆梦。但他的这份执着，让我相信，他的人生一定充满了精彩，没有遗憾。

还有一个人，就是我后来在工作中认识的翻译，也是我的老乡Y，清华大学登山队的队长，2008年奥运会珠峰火炬手。他的翻译功力惊人，十多万字，通常十多天就可以翻译完，而且质量上乘。他是一个很有翻译天赋的小伙子。

我曾利用工作之便和他吃过两次饭，他对于登山的狂热给我留下了极深的印象。他是一个很自我的人。需要说明的是，“很自我”在这里绝对不是贬义，而是我对于他的羡慕，因为我的性格里有太多的顾虑，不太敢坚持做自己，总是考虑太多别人对我的看法，使自己患得患失。

Y是个很大气的人，要知道，登山是一个很危险的运动项目，我去过九寨沟的黄龙景区，那里海拔近4000米，只是快速行走，我的心脏都会突突飞跳个不停，所以我能想象到在海拔5000米以上的滋味，陡峭的山峰，四季不化的冰雪，稀薄的氧气，在这个环境下，一步步攀登顶峰，可以说一只脚已经踏上了鬼门关。我问他，这么危险的运动你是否害怕过？他没有正面回答我，只是说他喜欢挑战，喜欢将一座座山峰、不可能的极限被自己征服的感觉；在生与死的时刻，能够擒获住死亡这条苍龙，那种感受就是一个字：“爽！”

活出自我，才能活得传奇。执着和自信是年轻人两大可贵的品质，看看那些勇敢追求自己梦想的人，他们的生活是多么激情洋溢啊。自己的人生自己做主，我们没有义务去在意别人的看法和指手画脚。人生只有这么一次，青春就这么十几年，为何就不能为自己尽情地绽放一把呢?

“生命诚可贵，爱情价更高，若为自由故，两者皆可抛。”这是一首脍炙人口的诗句，说的就是人生最为重要的东西就是自由，它甚至超越了生命和爱情。自由，这是多少年来，人们内心深处共鸣的东西，有多少人追求了一辈子都没得到。从奴隶社会、封建社会人们追求能够有一份田地，可以自由支配自己的财产，到如今的一些人，能够敢于活出自我，追求自己的梦想，不为现实所困厄，不为他人所左右。他们知晓了生命的奥义，弹奏出了属于自己的五彩乐章。可以说，自由，是人类永恒的极致追求。

怒放的生命——汪峰

与世界杯有关的日子

说起我的青春，就不能不提到足球，因为我曾经是一个十分狂热的足球迷，甚至在初中时，因为迷恋足球而荒废了学业。那时的我，每周二雷打不动地会在学校门口的小报亭买一份《体坛周报》，追着看甲A联赛和欧洲五大联赛的报道。

作为球迷，印象最深的就是世界杯了。因为世界杯是四年一次，对于球员和球迷来说尤为宝贵。这一个个时间节点，记载了太多的关于青春的悲欢苦乐。

1998年法国世界杯，那时我上高一，因为迷恋足球，学习成绩不好，让我对未来很是迷茫。那届的世界杯足球赛大部分都看了，很多是熬夜看的。那一届世界杯，是我印象中最为精彩的一届，虽然我对1994年世界杯也有印象，但更多的是受父亲的影响而感兴趣的。而到了1998年的法国世界杯，我则成了不折不扣的球迷，开始熬夜看球了。

那时的我是英格兰队的球迷，因为里面有我喜欢的球员希勒和贝克汉姆。小组赛英格兰队踢得并不好，只获得了小组第二名，八分之一决赛对阵士气正盛的阿根廷队，赛前感到英格兰凶多吉少。但在比赛过程中，我却完全被震撼了，那场比赛可以说是世界杯历史上少有的精彩比赛，双方踢得大开大合，一点也不保守，比赛精彩场面不断。看得出来，双方在这一场定胜负的比赛里，没有什么可保留的，只能是狭路相逢勇者胜。

上半场，阿根廷先入一个点球，英格兰踢得有些被动。但下半场风云突变，先是英格兰也得到了一个点球，由希勒打进。不久，贝克汉姆中场直塞，传到只有18岁的小将迈克尔·欧文的脚下，只见他一个人直捣阿根廷的禁区，风驰电掣般晃过两名阿根廷的后卫和守门员，将球打进！这个球太精彩了！一个孩子，戏耍了一群大叔，让人见识到了什么叫后生可畏。落后的阿根廷开始猛攻，不久又由萨内蒂利用任意球的巧妙配合，扳平了比分。之后，贝克汉姆报复性地踢倒了西蒙尼被红牌罚下，使得英格兰队处于少一人的不利境地。但英格兰踢得很顽强，将比赛拖入了加时赛。此时的我心情紧张到了极点，因为在赛前，我觉得英格兰是打不过阿根廷的，但是在过程中，我发现双方的机会都是五五开，谁都有可能战胜对手。英格兰今晚的发挥得极为出色，完全超出了我的预期，他们在斗志和求胜欲望上胜过对手，弥补了自身技术和人数的不足。在加时赛里，英格兰曾经利用角球打进了一球，但是被裁判判为冲撞守门员，进球无效。而后，加时赛结束，进入点球赛。

点球一直是英格兰队的短板。果不其然，英格兰在点球战毫无悬念地落败了。虽然输了，但英格兰队还是值得赞赏的，从赛前根本不被看好，到比赛中差一点就要翻盘胜利，带给了我很大动力。一场足球比赛，在我眼里成了一场励志大剧，我把它看成是我高中学习的动力。英格兰永不服输，奋战到底的精神，鼓舞着我在接下来的学期考试连连奏凯，很快使我从悲观迷茫的情绪中走了出来。那届世界杯，最终法国队获得了冠军，而不是大热门巴西队。对于喜欢法国队的球迷们来说，也是一个励志剧。还有那届世界杯的大黑马——克罗地亚队，踢得也很漂亮，让我喜欢上了最佳射手达沃·苏克。

2002年韩日世界杯，我21岁，还在大学校园里攻读。那届是在韩国和日本举办，比赛一般都在北京时间的下午，所以有很多场比赛我没有看到。这届世界杯，从励志层面来讲，故事是很精彩的，大黑马土耳其队、东道主韩国队，居然最后杀入了四强，这是赛前所有人万万没有想到的。最不励志的就是中国队了，本来能进世界杯，是一件让国人很自豪的事，毕竟这是有史以来的第一次。但是世界杯上一球未进，一分未得，踢得未免有些太没脾气了，根本就是一个打酱油的。从另一层面来看，连中国队都进了世界杯，您说这届世界杯还能精彩吗？最后，毫无悬念地，巴西队获得了冠军。

2006年德国世界杯，我在北京，那年我25岁，在一家文化公

人，千回百转，
终将还是要做自己，
做自己真正热爱的东西。

司上班，由于工作并不繁忙，所以我得以有机会在晚上偷偷爬起来去楼下看电视。那时，我在大栅栏东的大江胡同居住，屋里根本没有电视，看电视要去一楼客厅。幸运的是，房东和一些房客都是足球迷，也都半夜起来看球。这样，我和我的室友周小天，只要晚上没事，第二天不太忙，就会爬起来一起看球。

那届世界杯也很精彩，我见证了英格兰和葡萄牙的苦战，场面那叫一个惊心动魄；还看了法国淘汰巴西，亨利的经典绝杀；当然，最难忘的是，决赛中法国对阵意大利的比赛。如果说1998年世界杯叫我认识了齐达内的话，那么2006年世界杯，让我膜拜的就是这个齐达内了，这届杯赛，他踢得实在是太出色了，法国队几乎靠他一己之力杀进了决赛。八分之一决赛对阵西班牙，他的凌波微步，看似漫不经心的一脚，宣判了西班牙队的死刑；半决赛对阵葡萄牙，又是他的一剑封喉，把对手送回了老家。在决赛前，媒体都是看好法国夺冠。而比赛的过程也是这样进行的，下半时，法国获得了一个点球，齐达内主罚命中。但不久，意大利队利用角球扳平了比分，比赛进入胶着状态。就在这时，意大利的后防队员马特拉齐用语言挑衅齐达内，齐达内大怒，马上用头撞了马特拉齐一下，马随即夸张地应声倒地，裁判果断地给齐达内出示了红牌，将他罚下。齐达内头也不回地走下场。电视镜头对准了齐达内的背影，和他背后的大力神杯渐行渐远。最后，意大利队利用点球击败了法国队，夺得了冠军。

就像1994年世界杯的决赛，我们会为意大利最后以点球惜败而扼腕叹息，为罗伯特·巴乔遗憾的背影而黯然神伤，而2006年世界杯，我们同样会有这样的感觉。足球大师齐达内为自己的不冷静行为付出了惨重代价，他以他足球生涯里最后一战的惊天一撞，让法国队最后失去了冠军，也给自己的世界杯留下了永久的遗憾。

时光又流转到了2010年的南非，这里将举办非洲有史以来的第一次世界杯。2010年，我一个人租住在清河小区，那时自己的住处没有电视，只有电脑，因为网速很慢，所以基本看不了直播，大部分比赛都看不到，只能看看即时网络评球。这届世界杯，对于我可以说是一届网络世界杯，天天在网上听网友们来点评，这是和以往的最大不同。这届印象深刻的比赛只有三场，第一场是德国队对阵英格兰，最后的比分是德国4比1大胜英格兰，德国快速高效的打法，让人恐惧，打得英格兰没有脾气。除此之外，最精彩的就是解说员贺炜比赛后抒发的感慨，为这个浪漫的夏天，书写了永恒难忘的一笔：

胜负既分，结局也已经确定了，英格兰和德国永恒的对抗在世界杯历史上继续延续下去，历史的篇章这一段已经写完。我们想想吧，此时此刻在柏林、在慕尼黑、在汉堡、在科隆大教堂，肯定有无数的德国球迷为之欢欣鼓舞。而在伦敦、在利物浦、在曼彻斯特、在泰晤士河边的小酒馆，肯定有无数的英格兰球迷为之黯然神伤。不过，让我内心感到无比欣慰的是，在生命如此有意义的时间节点，在今天晚上，电视机前的亿万球迷与我们能够一起来经历，共同分享。

他的解说，让我不禁慨叹，时光流转，四年一个轮回，你我都在慢慢老去。球员一代又一代，为了那个梦想，有的黯然神伤，遗憾成为永恒；有的功成名就，尽情欢愉。这就是生活，这就是青春。不管怎样，成也好，败也罢，我们都一起走过、经历过这个火热的岁月，一起呐喊过，哭泣过，欢呼过，这就够了。这些经历，都是你我青春的见证，都是永恒美丽的人生乐章！

第二场比赛，是德国对阵阿根廷，我干脆一个人跑到外面的大排档，一边喝着啤酒一边和大伙看比赛。谁知这场比赛毫无悬念，德国最后兵不血刃地以4比0狂扫阿根廷，少了许多回味。

第三场，就是最后的决赛，西班牙对阵荷兰。这场我是在家里的电脑上看的，当时的网络出奇地好，第一次成功地在网上看了直播。赛前，我挺看好荷兰的，虽然他们一直没有得过冠军，但他们非常有实力，打法也是世界最先进的，无奈最后总是运气不好，多次进决赛，最后都是功亏一篑。而西班牙之前虽然也没有得过世界杯，但是很显然，他们的阵容是当时世界最强大的，王朝已经夯实，未来还有很多机会夺冠。结果荷兰毕竟实力稍逊一筹，最终以0比1输给了西班牙队，卡西利亚斯和他的队友们举起了大力神杯。虽然荷兰队略微有些遗憾，但西班牙夺冠是众望所归，是实力的体现。

说世界杯是浪漫的，是因为世界杯都是在炎热的夏天举行的，夏天的夜色很柔美，啤酒、肉串、美女，形成了充满诱惑的风景线。再加上激情澎湃的足球，那么就更让人平静不下来了，所以称为浪漫的夏夜，浪漫的世界杯。另外，对我来讲，2006年世界杯和2010年世界杯之后不久，我都恋爱了，所以这两年的夏天都是难忘的，也是最浪漫的。

但是2014年的世界杯，注定就不会浪漫了，这届在巴西举办，虽然是在激情的国度，虽然比赛的精彩程度丝毫不逊于往届，出现了范佩西的鱼跃冲顶、巴西被德国屠杀时球迷们的眼泪、决赛时格策的经典绝杀、梅西与世界杯失之交臂的无尽遗憾等经典镜头。但是此时我已当了爸爸，工作也不轻松，而且比赛大都在北京时间的深夜和凌晨举行，同时还要带孩子，又因为父母都在身边，所以这届世界杯对于我肯定会少了一些激情肆意。

但是生活没有完美的，我成熟了，有家室了，那种自由浪漫的生活早晚会有结束的时候，那段时光因为短暂，所以才会成为永久而美好的回忆。之后的世界杯，也一样会精彩，并且一样会激情澎湃，只不过是另一种形式上的——全家人共享世界杯的盛宴！

（PS：时间真快，我们又迎来了2018年的俄罗斯世界杯，我又老了四岁，世界足球先生的争夺者C罗和梅西也到了职业生涯的末期，这届世界杯很有可能是他们的最后一届了。虽然他们两人此前十年统治了世界足坛，但受国家队实力所限，在世界杯这个大舞台，他们的命运一直都很悲情。青春已经远离，但梦想并未实现，这次他们能圆梦吗？没有不可能，我们拭目以待！）

了解自己，是最大的谜题

我是巨蟹座的。巨蟹，在西方代表着死亡；在天文学中，巨蟹星座最为暗淡，并且有一团雾气，人们称为“积尸气”，所以巨蟹座的人多少也会受到感染，性格有些古怪。我不是在宣扬星座是有多么准确，但是这一星座确实有很多人具有阴郁气质。例如，最著名、最典型的人士就是奥地利著名作家——弗兰兹·卡夫卡。

卡夫卡有一个强势的父亲，使他从小受到压制，因此性格阴郁内向，再加上他的体弱多病，所以形成了懦弱、敏感的气质。这当中除了外在影响，我想，也有其天生的巨蟹座气质的影响吧。

我的性格虽然不像卡夫卡那么极端，但我也是一个敏感、悲观、阴郁性格的人。外形上也很瘦弱，不擅长体育运动。

我这种类型，经常睡眠不好，而且容易惊醒，爱做噩梦。做的梦离奇古怪，有的极其恐怖。而且我平时也很喜欢惊悚类的电影和书籍。

我比较喜爱日本的文学，是因为日本的文学也有这种特质，比较舒缓、阴郁，在文学史上，称为“物哀”。

这种类型的人虽然不讨女孩喜欢，不属于阳光开朗型的，人际交往上会很笨拙，不容易交上朋友，但是这种人，性格会很安静，很有耐心和韧性，喜欢去钻研东西，能耐得住寂寞。

此外，有着巨蟹特质的我，总是时不时把事情往坏处去想。比如，学生时代，每次考完试，总是想着这次考试又考砸了，忧心忡忡，想着成绩出来后，该怎样应付父母的责罚。而事实上，成绩往往要比自己预测的好。工作后，我常因为自己的一些失误，而自责不已，甚至精神紧张到晚上睡不着觉。总是幻想着老板大发脾气，说“明天不要来上班了”。事实上，我在现在这个公司，辞职的念头几乎每个月都会有一次。这说明我的内心深处充满了焦虑。

这种悲观忧郁的性格，肯定会造成我对于死亡和恐怖的眷恋，因为这种气息我真是太熟悉了，就好像我的孪生兄弟。看来，星座分析，真的是有道理的，至少在我的身上是很准的。

写到这，我先来分析一下巨蟹座男孩的性格。

巨蟹座的男人很爱家，也很爱怀旧，重感情，但是不善于表达，外表看起来有些心事重重，每天大多数时候表情都是阴云密布。外人看来，总觉得此人不苟言笑，不好接触，但接触久了又会发现，此人脾气温和，为人老实厚道，是个可靠的朋友，只是有些内向，不善于交流，有些腼腆罢了。

所以，巨蟹座的人，内心十分丰富，极其敏感，有着灵敏的直觉和洞察力。这些都是天生的才能，如果利用得好，就可以成为非常优秀的艺术家。从事文艺和学术行业，能够取得很好的成就。

正是因为巨蟹座的我，喜欢把事情往坏处去想，以至于我的噩梦要比一般人多出很多，也恐怖得多。当然，不可否认，这也与我看到的恐怖小说和恐怖电影太多有关。比如，我的噩梦中，就有在封闭的地下室里，寻找出口，但总是找不到；或者梦见楼梯，上楼回家，但是上到几层楼后却发现楼梯不再往上走，走着走着就往下去的怪异现象。还会梦见类似我儿时家附近的高楼或者商店，或者医院，或者各个街道小路，走着走着总会迷路。还会梦见自己家楼前的群楼突然发生了奇怪的变化，让回家的路越走越远。

人们都说，世界是个大宇宙，我们每个人是个小宇宙。世界的大宇宙，充满了未知，那么，我们每个人本身也同样充满了未解之谜。我们的性格和梦境，到底暗藏着什么秘密呢？认识自己，是人一生的命题啊。

2005年印记

·土耳其伊斯坦布尔，欧冠决赛，利物浦队0:3落后最终上演神奇逆转，成为永恒经典。

·世界反法西斯及抗战胜利60周年，历史永远不会忘记。

·“神六”升空，举国欢庆。

·著名作家巴金去世，记得当时我是在公交车听到的这个消息，新中国第一代文豪从此作古。

·第二届“超女”选拔赛开始（这一届太过印象深刻，才让我记住了“超女”），李宇春、张靓颖、周笔畅、何洁等歌手一夜走红。

第二章 / 有一种青春叫苦恋，有一种青春叫惆怅

对的时间，遇见对的人，是爱情；对的时间，遇见错的人，是心伤；错的时间，遇见错的人，是荒唐；错的时间，遇见对的人，是青春。

——来自网络

经过两年快乐自由的生活后，因为逐渐熟悉了这座城市，或者说因为认识到了现实生存的无情与冷酷，使我对北京不再好奇和向往了。同时，我恋爱了，有了女朋友，压力阵阵向我袭来。本来，爱情应该是浪漫美好的，但对我这个北漂草根来说，虽然也有人生初恋的激动，但是更多的是现实生活的责任和压力。这可能跟我的性格有关吧，因为我一恋爱，便不知不觉地想着未来的规划，想着结婚生子，想着想着，我就不想恋爱了，因为在北京成家立业，真的不是那么容易的。

尤其是你爱对了一个人，但却是在你一无所有的时候。就是因为太爱她了，所以无法给她承诺，无法给她好的生活，所以只能忍痛割爱，让自己的心流血。在错误的时间，爱上对的人，这，就是一种青春吧。

总有一个人，爱你如生命

可以这么说，梦想、工作、爱情是北京生活不可缺少的三要素，缺少任何一个，北京生活的质量都会大打折扣；缺少了两个要素，你就无法在北京待下去，就会想着换个城市生活了。对于我来说，这是一个定律。

刚来北京的两年，我还很年轻，不急于考虑爱情问题，觉得恋爱结婚离我还很遥远。但是随着在北京生活的深入，我发现，即使每天有工作忙，即使有几个兄弟在身边吃喝聊天开车兜风，但是心里总是缺少点什么。之后我明白了，一个人在异地生活，最渴望拥有的还是精神上的鼓励和支持，是的，那就是爱情，一个有着共同理想的亲密伙伴。在二十五六岁的年纪，人生最好的年华，爱情注定是必不可少的。

青春里如果没有爱情，那么青春也是苍白的。

有人可能会说，年轻人恋爱是很轻松的事呀，大学时代谁没谈过恋爱呢。但是我觉得爱情这东西真的是不可捉摸，每个人的特质不一样，说容易也容易，说不容易也不容易。

就拿刚来北京时做铝材业务的我们办事处的金少华、陈重、徐珲来说，一个人是大学时就处了一个女朋友，并且一起来北京奋斗，不久就结婚了，属于爱情的实用体；一个是来北京之后恋爱的，但是这位同事风流倜傥，情场阅历很丰富，属于爱情的吸引体；一个则性格直爽粗犷，不善于花前月下，向女孩讨巧，所以一直没怎么恋爱过，或者说恋情不太稳定，属于爱情的困难体；而我呢，那时就是一个不知爱情为何物的傻小子，还抱着有了事业后，再谈爱情的死脑筋，所以我是爱情的绝缘体。有趣的是，我们这四个人性格各异，对爱情的看法理解也各异，很像男版的“粉红女郎”。可以说，我们四个人代表了大部分北漂的恋爱状态和类型。

如果你和我一样，都是属于爱情的绝缘体，那该怎么办呢？在情场上，我们时不时就会怀疑人生，觉得自己这辈子碰不到百分百的她（他）了。

那些年，我们在酒桌上喝醉的几次，十有八九都是跟工作、跟梦想、跟爱情的不顺心有关。我还记得，那一年夏天，我的室友周小天因为暗恋一个女孩而受挫，心情很郁闷；同时我老家的朋友刘君因为在网上谈了一个女友，不顾家人的劝阻，一个人来北京要和女友见面，后来因为女方家人的极力反对，不得不终止恋情，甚至最终连面都没有见成。那时候，我的恋爱也极为不顺，意志很消沉。我们几个都是天涯沦落人，同命相怜，所以很自然地约起来，在我当时大栅栏的住处的楼顶借酒消愁。

在那里，我们可以看见天安门广场和前门的灯火通明，感受着这座古城的美丽夜色。我们边喝酒，边聊天，聊未来，聊梦想，聊爱情，聊着聊着就聊起各自感情的坎坷，说到伤心处，不禁流下了几滴泪。然后我们便大口地喝酒，不知不觉有些醉了，躺在地上，看着那满天的繁星——那时的北京还没有雾霾，夜晚的天空还是极为清澈的。我们几个感受着浩瀚宇宙的无穷，觉得相比之下自己的小情绪真的就不算什么了，心情突然开朗了很多，在酒精的刺激下，我们天马行空地胡侃神聊，不知聊了多久。就这样，在这个激情燃烧的夏日的夜晚，我们三个人以地为床，以天为被，就这么睡了一夜。

从那之后，我对感情这类事想开了，一切顺其然。我觉得关键是要提升自己，让自己值得爱，然后永不放弃对爱的追求，上天自然会带你找到中意的他（她）。

我坚信，无论是什么性格、什么类型的人，在北京、在青春里，我们都会找到中意的爱人。总有一个人，爱你如生命。

爱对了是爱情，爱错了是青春

提起那些年的爱情，我想每个人都有一段“孽恋”吧。对于我们这些普通男孩来说，浪漫的爱情确实是一种奢望。年轻时，我们事业、名位一无所有，以至于身边的好女孩，我们不敢去爱；或者爱了，我们不敢有什么承诺；或者有了承诺，不堪压力，让自己崩溃。可是，等我们混出点样子了，青春却已不在，那种心动的感觉早已没有了，或者已经不相信所谓的爱情了。

我自己属于爱情开窍得比较晚的那种，学生时代的爱情一片空白，虽然也有过朦朦胧胧地喜欢过班花什么的，但那点爱情就像十八层棉被底下的一颗小豌豆，细微得几乎可以忽略不计。

来到北京后，对爱情也是稀里糊涂的，那时我脑子里很少去想这方面，一是工作中、生活中没有遇见中意的女孩；二是觉得那时自己还小，还不定性，工作不稳定，人生还没有目标，想等到有了稳定有前途的工作后再考虑，大有霍去病的“匈奴未灭，何以家为”之感。

年轻时，

我们的事业、名位一无所有，

以至于身边的好女孩，

我们不敢去爱，或者爱了，

我们不敢有什么承诺，或者有了承诺，

不堪压力，让自己崩溃。

但人算不如天算，偏偏就是在这个错误的时间，让我认识了唐晓芙，那个让我第一次心动的女孩。命运真是作弄人。

那时，我还在北京办事处做销售工作，办事处新招来了一个文秘，叫唐晓芙，北京人，是一个应届的大学毕业生。几天的相处，我对她产生了好感。可谁知她只工作了半个月，因为学校有事就辞职了。之后我和她也经常有短信的往来，并且急急忙忙地向她表白过，结果被她骂了一顿。然后就是两年多彼此都没有联系，这段时间我一直没有忘记她，一直幻想着在路上能偶遇到她。但万万没想到是，两年后，她居然再次主动和我联系，那种兴奋劲就甭提了。

虽然两年之后的久别重逢令我喜出望外，但她却一直不把我当成男朋友来看待，只能算是非常要好的密友。所以，这种感情，又缺少了那么一种浪漫和动人。

这种“朋友之上，恋人未满”的交往，渐渐让我打了退堂鼓。我虽然很喜欢她，但是我也明白，我的经济条件和她差很多，考虑到将来，是不会有结果的。爱情中，最大的痛苦，就是明知道两个人不会有结果，自己还是一片痴心。

那几年，我一直在苦苦挣扎，这种暧昧关系让我痛苦万分。最终，我们这种不伦不类的关系以她宣布有男友而结束。当时自己痛苦万分，甚至有了离开北京去南方的想法。

现在再回望那段感情，我明白了，青春之爱，应该是简单而纯粹的，就像那夜色中的烟花，瞬间极致的美丽。为了这一瞬，我们应该倾尽所有，传递出我们的热情和激情。全力地爱过而失去，总比从来没有爱过，或者不敢去爱要好。毕竟前者留下了美好的回忆，后者留下的，只有悔恨。

爱情，其实就是一个游戏，不能太认真，也不能太不认真，太认真，伤害的是自己；太不认真，伤害的是对方。在错的时间，认识对的人，真是造化弄人，这可能就是上天对我的磨炼吧。

如今，我已结婚生子，身边有温柔贤惠的妻子陪伴，这份爱虽然少了当年初恋的刻骨，但是这种两个人在一起，为了将来的美好生活而打拼，同甘共苦，相濡以沫，也是另一番美丽的、值得铭记的爱情和青春吧！

那就这样吧——动力火车

爱情是什么

有人说，所谓的青春，就是要有一份奋不顾身的爱情，和一次说走就走的旅行。一场轰轰烈烈的爱情，是每个人都憧憬的，在我很小的时候，就一直在想，将来我应该会找一个什么样的人结婚呢？

年少时，爱情对我来说就是一个谜。我很不解，一个人为何会在爱情面前疯疯癫癫，茶饭不思呢？爱情真的有这么大的魔力吗？

长大后我发现，看见令自己心动的人，我会脸红，会特别在意她对自己的看法，自己也会下意识地想在对方面前展示自己最好的一面，比如坐在她面前吃饭，平时自己的狼吞虎咽、率性而为全然不见了，而是换成战战兢兢，浑身不舒服。此时此刻，我发现自己突然不会吃饭了，细嚼慢咽，极力表现自己的绅士，每吃一口，都时刻小心，生怕弄出动静。那种紧张劲儿，哪怕面前摆的都是山珍海味，吃起来也味同嚼蜡。

这时候，她的一颦一笑都会牵动着自己的律动，在那一时刻，自己已完全由面前这个人掌控了。毫无疑问，我已经喜欢上了眼前的这个人。真正喜欢一个人的时候，自己的心是七上八下、颠三倒四的，比如：

最紧张——给暗恋的她发信息和打电话之前的那一刻。心中总是在想着要不要发信息、打电话？都说点什么呢？要是人家对自己很冷淡怎么办？要是人家拒绝我怎么办？百爪挠心，纠结万分。

最焦虑——给她发了信息后很长时间也没等到回复时；给她打电话却响了很久，也没有接听时。“她是不是很讨厌我？”“自己是不是自作多情？”无数个悲观念头瞬时涌起。

最激动——她竟然很迅速很热情地回复了！并且约她出来，她也很爽快地同意了！心里的石头顿时落了地。

而当自己发现，一日不见她如隔三秋，我会时时幻想和她未来的种种，会想着要拼命努力赚钱，会在危险降临时，舍命保护她，这说明我早已爱上了她。

一个人再怎么怯懦，在一份真爱面前也会勇敢无畏。

从此，我再也不会怀疑爱情的魔力会如此之大了。

大约是高中或者大学时期，我在广播里听到一个主持人说过一个关于爱情的小故事。她说上帝当年创造人时，男人和女人本是一体的，最后是上帝把人劈成两半，这才有了男人和女人，所以，我们一生都在寻找自己的另一半。

这是一个很凄美的故事，因为对男人和女人、对爱情十分浪漫的比喻，让人不禁畅想，所以引起了人们广泛的共鸣。至少对那时的我来说，这个故事，让我记忆深刻。以至于很长一段时间，我都把这个故事，或者说对于爱情的阐述，当作真理来看待。

如今的我，再看爱情，有了很大的转变。

人本来就是不完美的，这一点没有错，甚至可以说是一个真理，试想，从古至今，哪有什么完美无缺的人呢。但是在爱情中，因我们的不完美，所以我们很容易去迷恋，或者说是设造一个完美的人，就是想要找到一个人，让自己完美，我是一半，你是一半，两个人严丝合缝，刚好吻合，从此完美、幸福地生活。

但是我以我的经历，要说，这样的人根本不不存在。人穷极一生也找不到百分百的另一半。这个想法本身就是错误的、荒诞的。

美国漫画家希尔弗斯坦有一部作品，叫《缺失的一角》，里面十分形象地讲述了什么是爱；《少有人走的路》里面的第二章，详细讲解了爱的定义。这里都提到了，爱，首先要做到的是人格的独立，人是不完美的，但是人的灵魂是独立而高贵的。

《少有人走的路》里面说，所谓爱情，是一种能不断拓展自我界限，促进双方心灵成长、心智成熟的意愿。也就是说，真正理想的爱人，必须是毫无保留地支持你的事业和特性的人，帮助对方成为最好的自己。爱情就是养料，滋养双方共同成长，实现各自的人生价值和使命。

我们人生的使命在于实现自己的价值，而不是为了爱情而爱情，也就是我们的人生，爱情不是全部，因为有比爱情更重要的事——实现人生价值，但是没有爱情也是万万不能的，因为爱情是养料，是你实现人生价值的推动力。

爱情的真谛或许不浪漫，但是很伟大。

在北京夜色中奔跑

我不擅长奔跑，念书的时候，我的长跑成绩在班里是倒数几名的，几圈下来，回头看，要么是又笨又重的胖子，要么就是又瘦又矮的“噶豆子”。对我这样又瘦又高的人来说，跑这么慢，简直不可思议。但，尽管我没有长跑的天赋，但我在骨子里却深爱着长跑，不是跟谁比，只是自己慢慢地跑，边跑边思考，感受生活。

在北京，我曾有过无数次奔跑，就像电影里的阿甘一样，漫无目的地跑。记得有一回，是在2006年的夏天，我正式谈了一个女朋友，我送她回家后，夜已经很深了，本打算坐公交车回家，但发现末班车已经过了。刚想打出租车，突然萌发了一个念头：反正明天是周日不用上班，干脆跑回家算了。当时我在前门大栅栏住，而我女友住在北四环外，距离相当于横跨半个北京，足足有15公里的距离。何苦这么累着自己呢？我没有想那么多，只是觉得在北京浪漫的夏夜，一个人边跑着，可以边看看北京的夜色，也是很不错的感受。就这样，我边哼着小曲儿，边开始跑了起来。一步又一步，跑过了慧忠北里，跑过了北土城路，跑过了蒋宅口，跑过了安定门，跑过了美术馆……跑到前门的家时，已是凌晨3点了。我当时在想，自己是多么的傻，是什么激情和力量促使我这么疯狂呢？爱情吗？还是对于北京生活、对于此时所拥有的青春的热爱？我说不清楚。

还有一次，是在2004年的深秋，我还在做业务员时，厂里的老板来北京参加展会，北京的经销商请客吃饭，我们办事处全体人员作陪。席间，组长马建因为一直没有出成绩，压力太大，喝醉了，说了很多过激的话，和我们组几个同事打了起来。大家闹得不欢而散。后来他们开车把组长送走了，我便一个人回家。当时夜还不算深，还有公交车，但我当时有些喝醉了，心情也不太好，觉得公司闹得不可开交，自己不太情愿干下去了，但是真辞职的话，又能干什么呢？想着想着，就郁闷了，便想跑着回家，排解一下心情。就这样，我一个人穿着黑色的风衣，在北京的二环路上奔跑着，一直跑了近三个小时。如果当时有摄像机把我拍下来，也算是一道离奇的风景吧。

但是最让我难忘的奔跑，则是2007年初冬的深夜。那一天，是我在北京十年来最快乐、最难忘的一天。你也许会想，这是什么日子，这么重要？是获得什么至高的荣誉吗，还是发生了什么人生大事？都不是。其实这一天之所以难忘，纯粹属于心情。那一天，是我和唐晓芙时隔两年多再次见面的日子。前面我也说过，当时我一直很喜欢她，见到她，我的心就会激动万分。那天的夜晚格外的清澈，我们吃完饭，她一直送我很远，路上我们谈了很多、很多，到最后，我在车站上了车和她告别。本来是应该坐车走人的，但我还不想让眼前的景象马上消失，所以我马上下了车，选择慢跑回家，边跑边回忆刚才我和她的谈话，回忆她的音容笑貌，回忆路上美丽的夜色，回忆两年前和她的交往，同时展望未来和她是否会有进一步的发展。就这样胡思乱想，我跑了近两个小时回到了家。

北京作为一个国际大都市，她的夜色是十分美丽的。我在北京的夜色里奔跑，体会着青春的快乐、宣泄着青春的烦恼。虽然现在看来，自己当时很傻、很天真。但这就是青春，这样的经历给了我很多美好的回忆，这些回忆是属于我的，是关于我北京生活、关于我十年青春的一抹亮色。

夜空中最亮的星——逃跑计划

2006年印记：

· 世界杯，意大利队夺冠。

· 伊拉克，萨达姆被判处绞刑。

· 自己责编的第一本书——《解放档案》出版。

爱上比自己条件好的女孩，令人绝望

《中国合伙人》是一部很棒的青春电影，讲的是三个有志青年合伙创业的故事，当中有欢笑、有眼泪、有“鸡血”，也有温情和爱情。对于我，最喜欢的并不是人们喜闻乐见的新东方发家史、青年创业的好榜样，而是一个穷酸青年的爱情悲歌。因为通过它，我想起了多年前自己的爱情故事。

人们都说，看书就是看自己，看电影也不例外，故事里和我最有共鸣的就是成东青了，当然他比我学习好，比我有口才，后来获得了事业上的巨大成功，这是我比不了的。但是他和我一样是平民出身，没有背景，初恋也同样是个高不可攀的女孩，最后也同样痛苦地失去。

作为一个男孩来讲，最痛苦的是，当你认识一个百分百对的女孩的时候，你却一无所有，虽然你很努力，但是你发现自己根本就不知道努力的方向，因为你还只是一个愣头青。同样，你也不太懂得爱。总之，你是在一个错误的时间，认识了对的她，最后不可避免地、毫无悬念地失去了她。那痛苦，让人抓心挠肺，肝肠寸断。

这部电影励志的地方是，成东青没有就此沉沦，而是在痛苦中奋起，毅然辞去了学校的工作，开创了自己的事业，最后获得了成功。但是电影里再也没有他的感情生活了，难道他的感情都给了那个初恋女孩吗，是啊，那个痛是一生的。当他有钱了，有地位了，他却再也找不到那个对的女孩了。

作为一个异乡人，在北京恋爱，终将是绝望的，尤其是不可救药地爱上了一个北京女孩，人家会跟你奋斗吗?

我承认，这一切都是自卑在作怪。

喜欢上比自己条件好的女孩，自己会很有压力，会很恐惧，恐惧这段恋爱会死掉，会失去她，恐惧自己将来不会出色，永远在她面前抬不起头，害怕自己没有能力给予他好的生活，害怕别人在背后指指点点。

在真正爱上了一个女孩后，一向内向呆板的我，突然学会了浪漫起来。但同时一夜间，我也现实了起来。

之前，我虽然生活工作在北京，但是我从来没有关注过房价，也从未打算在北京买房，因为那时根本没打算在北京长久生活下去，也觉得在北京买房是想都不敢想的事。

但是，恋爱了，就会促使你不得不去想。一切都得为将来考

爱情，其实就是一个游戏，不能太认真，也不能太不认真，
太认真，伤害的是自己；
太不认真，伤害的是对方。
……

虑了，因为你不再是一个人，再也不是一个人吃饱，全家人不愁的时候了。

但是当你发现，你腰包里的钱，在北京连个厕所都买不起的时候，你感到的，只有深深的无力感和绝望。

说实话，我因为没有在大学恋爱过，对爱情开窍得太晚，在这里我本没有资格谈论恋爱的。但是以我失败的恋爱教训，和这么多年的人生体会，我想说的是，青春里不能缺少爱情，因为爱情是男人走向成熟的捷径，只有真实地爱过、痛过，才会明白你的人生需要什么。很多事业成功的男人，当初都是从恋爱或失恋为起点的。

虽然我很大一部分原因是因没有钱而错失了一份爱情，但我还是要对和我类似的男孩们说，不要早早地想着怎样赚钱，是的，人生不能没有钱，青春也不能白白荒废，但是青春最最重要的，还是在于要多走走，多看看，多折腾折腾，多经历一些事、多见一些人，最终找到适合自己的路，以自己的方式走进这个世界。

每个北漂人的青春里，都会有几段艰辛的日子

在北京最艰辛的时候？要数2005年的年初，我在宋家庄住地下室的那段时光吧。

那时的我们，因为和公司组长闹矛盾，我和同事们不努力工作，被公司辞退了。当然，这是属于惩罚性的，我们心里都明白，只要承认错误，年后还是可以回去上班的。那时离过年还有一个多月的时间，回老家过年还有些早，所以我便打算利用这段时间打个短工挣点钱，要不然过去这半年和同事吃喝玩乐，一点积蓄都没有，就这么回去未免有些太寒酸。

就这样，我一个人搬回了丰台的宋家庄地下室，租了一间不到4平方米的小屋。那时的我，对北京还充满着幻想，还很乐天派，不去计较环境的艰苦。不久，我在不远的方庄家乐福超市找到了理货员的职位。只是一个月的临时工，每天就是抬电视机，说白了就是苦力工，工资只有可怜的1000多元。因为我的乐观天真，所以我毫不以为苦，便每天高兴地干了起来。

由于超市不提供吃住，所以既然说是要攒些过年钱，就必须每天算计着消费。记得那时的我每天三餐极其没有营养，自己

买了挂面几个鸡蛋，一袋火锅调料，然后用自己的小电饭锅煮面吃，方便实惠又能填饱肚子。这样每天吃饭只要5块钱就足够了，房租一个月也就200元钱，这样，一个月吃住只有350元足矣，来回上班骑自行车就行。就这样，我一直咬牙干到大年初二，买了99元的火车票和两袋北京烤鸭回的家。算上加班费，我一个月挣了1700元钱，净剩1000多元。但是，相应的代价是，除夕夜我一个人在北京地下室度过，看着别人家阖家团圆，觥筹交错，鞭炮齐鸣，而我只能静静地一个人在地下室发呆，那种凄凉苦闷还是少有人能体会到的吧！

不过这还不算苦的，毕竟这种苦主要是物质上的苦，毕竟我还没到身无分文吃不上饭的地步，苦也苦不到哪儿去。对于未来的迷茫和绝望才最为要命。要说这，就要数2007年的初冬了。

2007年，可以说是我在北京最背运的一年，这一年我换了3份工作，有一个月处于无工作的焦虑状态。女友又和我分了手，失业加失恋，失业以至于失恋，人生遭受了重创，而且身边又没有人为你疗伤，只能一个人扛。

失恋的伤还是小事，关键还是眼前的吃饭问题，毕竟手里就那么点钱，每天要找工作、要吃穿住用，就这么干耗着，心中的压力可想而知。所以那时的我不挑不拣，找到能要我的工作，就算万事大吉。所以才会有电话业务员的那段经历，那是我的低谷，每天吃着南方的籼米，住着蟑螂乱爬的小黑屋，干着打打电话的无聊工作。每天下班，马上就快速地跑到网吧，在中华英才、前程无忧、智联投简历。可以说，投简历找工作贯穿了我2007年的始终。

2007年，我很迷茫。

然后便是9月底，我去了一家文化公司，本来我应聘的是编辑，而老板居然让我做发行。虽然我不想做，但这毕竟是一家正规的图书公司，能学到东西，所以就这么硬着头皮工作了。一个月下来，各种不舒服。我毕竟太不善言辞了，给老板留下了勉为其难的印象。结果是毫不留情地把我从公司提供的住处——天通苑的楼房赶了出来，被迫搬到了姚家园的地下室。地下室里，我的小屋只有2平方米，好在有一扇窗户，不至于太憋闷，不过一开门便是床的局促面积，也是创下了我在北京居住的最小面积的纪录了。

那时的我，每天的一日三餐也是煮面，或者馒头咸菜。但这都不算什么，最苦闷的是那时的我看不到未来。我在姚家园附近找到了电话业务的工作，这里不供吃住，人也冷冰冰的不太好交流，或者说我根本融入不进去，而且很久也没有出业绩，随时都有被解职的危险。这些背运直到11月找到稳定的工作后才有了转机。

2007年的年底，我数了数我的账户余额，发觉那一年根本就没有挣到钱，算上这几年的积蓄也不过2万多元。那时北京的房价平均是2万多元一平，也就是说，我那点可怜的积蓄连一个厕所都买不起，想想要买套房估计要50年以后了。再加上我的工作极不稳定，挣的又极少，买房只能是遥不可及的梦，看来我在北京注定只能是一个匆匆过客了。当时那种悲凉和绝望的心情，至今记忆犹新！

虽然那年的初冬，我和我的初恋唐晓芙又见面了，本来是一件很高兴的事，但是种种现实问题让我身心俱疲，即使遇到了百分百对的女孩又能怎样呢，没有物质基础何谈温馨浪漫的生活呢？正是这种苦闷，让我在接下的两年十分纠结，心里一直在思考我在北京是否还有未来？那时，我总是很悲观地认为，我可能会永远流浪，永远结不了婚了。好在，那些痛苦的生活很快就过去了。

虽然已经过去了很多年，但我对2007年那段苦痛的日子仍然是历历在目，让我见识到了什么叫山穷水尽。不过那段岁月也让我坚强了很多、明白了很多。我相信，生活没有永远走背运的，只要你不放弃，只要你再咬咬牙，就会有否极泰来的一天。

那一年——许巍

青春之我见

要说自己这十多年生活感悟，那就是在二十多岁时，一定要多多地走动起来，不要在一个地方原地不动。这几年，正是求知欲旺盛的时候，一定要多去实践、多见人，多阅历，不能只是关在屋子里看书。我们要做生活的主人，千万不要在年纪轻轻的时候，就死气沉沉，被生活所限制、裹挟，一定要主动地、热情地去探索外面的世界。

二十多岁，正是人生的大好年华，不论男女，都是身体和头脑逐步成熟的时期。我一直主张，不管忙什么，这段时间一定要多谈几次轰轰烈烈的恋爱。恋爱，我把它界定为人际关系能力的提升，因为一个人深受异性的喜爱，说明这个人的情商很高，也说明这个人朋友多，有人脉。

说起高情商，很多人首先想到的，就是这个人很有社交手腕，心眼多啊，有手段啊，人情世故练达什么的。其实不是这样的。一个人忠厚老实，一样可以人脉广泛，而且，这样的人交到的朋友更牢靠更稳定。人情练达、纵横捭阖只能说明这个人善于投其所好，说话好听，不得罪人而已。而老实忠厚的人，只要能够与人为善，不搬弄是非，不刀子嘴，能够主动与人交往，就肯定会交到很多朋友。据我观察，我身边的人，十之七八，都是与人为善的愿意和人交朋友的实在人。但是我之所以没有朋友遍天下，就是因为社交太被动、太缺乏热情，人家不联系自己，自己也就不联系人家。这样一来二去，好朋友就变成了普通朋友，普通朋友慢慢就变成了“相见不如怀念”的熟人，最后倒退成“老死不相往来”的路人。

这一点，用在恋爱上同样适用，尤其对于男孩子来说，要想交到女朋友首先就不能当宅男。一定要走出去。你不出去见人，怎么会有机会恋爱呢？千万不要依靠网恋，我承认网恋也有成功的，但是相对来讲，在现实生活认识的，更靠谱一些，成功的概率更大些。

有人问我，恋爱的秘诀是什么？我的体会是：要成为一个有魅力的人。他又问，怎么才能成为有魅力的人？是要穿衣打扮要精致闪亮，言谈举止要优雅得体？我说，是的，这些是必需的，但更重要的是要让自己活泛起来。其实除了极少数人以外，大多数人在感情上都是内向和被动的，他（她）也不知道自己喜欢什么样的人，你要做的就是主动去“骚扰”他（她）。所谓有魅力，我的理解就是要成为一块磁铁，虽然你不会吸引所有的人，比如木质的、金、银、铜、铝质的人，但是你只要吸引铁质的人就够了，千万不要成为一个只会打扮精致、高傲矜持、谈吐不凡的木头，那样你最多只能引来别人的好感，但是绝对不会得到别人的爱情。

我主张，大学毕业后的三年里，不要急于买房结婚，不要急于求得稳定多金的工作，这三年，是从求学到成为职场人（社会人、事业人）的过渡阶段，这个阶段所要做的，就是多尝试几种工作，多尝试和各个职业的人做朋友，多组织几次长途旅行（可以约朋友，也可以一个人），多参加一些社交群体活动，多学几门技艺，等等。正所谓，磨刀不误砍柴工。总之，一定要增长见识，开阔眼界，让你找到自己，找到你真正所喜欢的和适合的路，想明白这一生到底想要什么，能够得到什么，人生的意义是什么。三年里想清楚了这些，你未来的工作、事业、恋爱、婚姻才不会走回头路。

2007年印记

元宵节前后，老家遭受了57年一遇的暴风雪，积雪足有两尺深，这是我平生头一次经历这么大的雪，至今难忘出门后看见马路上行走的全是人、没有汽车的壮观景象，还记得老妈一个跟头摔倒，差点被积雪活埋的搞笑场景。

第三章／有一种青春叫孤独，有一种青春叫迷茫

耐得住寂寞，才享得住繁华。只有一个人静下心来，真真实实面对自己的心，才会在黑暗中看得见属于自己的那道曙光。

——加西亚·马尔克斯

这时的我，在北京有一份还算稳定的工作，但没有爱情，没有房子，也不知道自己的未来在哪里，很迷茫。

这时的我，一个人过着早九晚五的生活，波澜不惊。

这时的我，喜欢一个人在周末看电影，泡网吧，去图书馆。

我想，每个人都有过那段灰色的青春。但我仍旧还是感恩那段生活，一个人的独处，让我想明白了很多东西，孤独，未尝不是一件好事。有句话说得好，孤独之前是迷茫，孤独过后是成长。

一个人，不孤单

前面我说过，离开家一个人去北京，我是带着心结的。在北京，我一无亲属，二无同学，孤独是不可避免的。

刚来北京，我利用工作之便，结识了很多朋友和同事，一时间很热闹，每天的工作和生活都是集体性质的，所以留给自己独处的时间很少。接下来的两年，热闹虽离我远去，但我为情所困，每天情绪起伏很大，甚至有些走火入魔，所以也不曾感觉到孤单。

到了来京五六年的时候，激情退去，热闹远离，好奇不在，爱情已死，此时此刻的我，突然有了很多一个人独处的时间，那种状态，竟有一种看淡一切、无欲无求、心如死灰之感。

那两年，我老家的同学都纷纷结婚了。同学聚会，发现他们聊的话题都不一样了，我显然成了局外人。而老家的亲人们，也开始为我的婚姻大事而操心，认为我在北京飘荡终究不是长久之计，纷纷劝我回来。很显然，这个世界都在反对我待在北京。我开始怀疑自己，当初来北京的决定是否就是错误的。

与此同时，在北京，我2004年就认识的同事、朋友，纷纷都离开了，要么回老家，要么南下去广州、深圳开创新生活，并且最终都纷纷结婚了，找到了安稳的归宿。而我还是一个不折不扣的“北师大”（北京失恋大龄青年）。

所以，我感到了一种前所未有的孤独和迷茫。我发现我被这个世界遗弃了。

更让我绝望的是，这两年，北京的房价像断了线的风筝，涨得我没了脾气。买房成了我遥不可及的梦。

那些年的春节，我特别不想回老家，因为我不想看见父母对我婚姻问题的忧虑，也不想听到亲属们碎碎念地劝我回来，更不愿意看到已经结婚的同学、朋友各种秀恩爱。巨大的反差，让我和他们越来越没有共同语言，还是相见不如怀念吧。

当时的心态，正如美国作家菲茨杰拉德说的那样：“三十岁——预示着进入了孤独的十年，单身朋友越来越少，值得激动的事越来越少，头发越来越稀疏。”

就在我落寞到极点的时候。一天，老家的一个电话打了过来，我一接听，是个女声，没有听出来是谁。

“听不出来我是谁吗？”

“真的不知道了。我离开家乡好多年了，有些朋友一时真想不起来了，抱歉啊，你是……”

“我是你的高中同学KK啊。”

“啊……你是怎么知道我的电话的？”

“是啊，我本没有你的电话，我是通过石头打听你的情况，然后要到你的电话的。怎么样，近来还好吧？”

“哦哦，是这样啊，真的，好多年都没联系了，真抱歉，声音都听不出来了。我在北京还好，也是瞎混哈。你呢？结婚了吧？”

“嗯，正要跟你说呢，我明天就要结婚了。所以今天也挺感慨的，回忆了很多学生时代的往事，所以忍不住给你打了电话。”

“哦哦，恭喜呀！时间过得真快，老同学们这些年都陆续结婚了。校园里发生的事，就仿佛是在去年……”

“呃，那个，我跟你说个事，也不知道该不该说出来，但是埋在心底这么多年了，心里一直不痛快。其实在学校那阵，我一直挺喜欢你来的！但是你那时好像只是安于学习，不太关注男女之事。我记得，我们高中三年，彼此说的话不超过十句……”

“啊？！哈哈，你不是开玩笑吧，我怎么会有人喜欢。我性格太内向了，那时根本不敢跟女生聊天，也不知道聊什么，所以只能低头学习啦。真的，你喜欢我什么呢？我那时话不多，在班里根本就是不出挑的人。”

“但是你很温柔善良啊，只要我们有所求，你都会热心地帮助我们。感觉你是个很踏实的人。”

“但是，我很自卑，很腼腆……家里也并不富裕……”

“可我不这么认为，你其实挺好的呀，为何这么贬低自己呢。唉，不跟你说了。其实这些话，我一直埋在心底，因为明天我就要结婚了，也算是对我青春的一个告别吧，所以今天我特地打了电话来，跟你说了这些话。其实，我也不是外向的人，那段岁月也留下了很多遗憾。你真的挺优秀的，以后不要说那些丧气话了，自信一些。换个角度看自己，或许你的人生就会大不一样了。我们的青春实在太过于短暂，还是要牢牢把握和珍惜呀。相信自己！”

……

这一通电话把我打懵了。挂掉电话，我很长时间都没有晃过神。我真不敢相信，这是在做梦吗？

没想到，在一个自己都瞧不起自己的时刻，居然会有女生暗恋我。这个电话真的是太及时了，它让我找回了一些自信，让我坚信自己选择北京是正确的。一个人又怎样，只要梦想在这里，只要在这里还能感到青春的气息，那么我就会一直坚持下去。

有些路，你只能一个人走

火车将要开动，我在和父母做最后的告别，这次惯例地春节回家，留下无限感慨。我趴在窗边和父母挥手，一点点地，火车慢慢开动，越来越快，父母离我越来越远，终于不见。转过头，发呆五分钟，看着逐渐远离的故乡，想到这次又是西去回京，又是孤身一人。我很清楚，以后的时光，回乡的次数会越来越少，在外漂泊的时候会越来越长，这注定是一条漫漫的未知路。

回忆前几天，和父亲的深谈。我跟父亲说，来北京五六年，自己陷入了彷徨期，这一年如果没有突破，我或许会离开北京，去南方碰碰运气。父亲说："你长大了，父亲也老了，给不了你什么建议，只是希望你一个人能够平安开心就好。男儿志在四方，不管你去哪儿，爸爸都支持你！"

看见父亲逐渐发白的头发，我的眼角有些湿润，想着以后回家会越来越少，而自己却还是一个人在外面流浪，感觉自己真的是亏欠父母太多，让他们为我操心了。

父亲说的没错，这未来的路，只能是我一个人走。其实来京这些年大大小小的选择，都是我个人的意志。哪怕家人亲属坚决反对，我也丝毫没有动摇过。大学刚毕业时，在我迷茫的时候，一直渴望着有个导师能给我指引，我会聆听长辈的谆谆教导、真诚建议，会去看职业指导和励志书籍，寻找人生的出口。但在走进社会后，我渐渐发觉，他们说的都是他们的人生感受、他们的世界观，毕竟每个人的人生维度、人生追求是不同的。我不能拿着自己的人生，从他们的口中寻找答案。

克里希那穆提说过：“永远不要从别人那里学习如何生活，如何行事，因为别人告诉你的都不是你的人生。如果你依赖另一个人，你将会被误导。”我越发明白了，自己的人生，终究只能自己来走，自己来选择。虽然，我在北京五六年，正在经历人生的困顿，感到了孤独和迷茫，找不到方向。但是我坚信，走到这一步，是正确的选择，因为我是在寻找前行的路，这几年，我没有原地安逸，而是一直在勇于探索、努力前行。我相信这个困顿是暂时的，终究会有拨开乌云见晴日的一天。

之后不久，故乡的经济环境不太景气，越来越多的年轻人来到北京、上海、广州、深圳等大城市发展。在异乡寻找出路，逐渐被家乡人们所认同。我在北京，得到了更多人的鼓励和支持。自己当年的坚持和孤独，终于得到了温暖回应。

听从自己的内心，不压抑自己，你就是走在正确的人生轨迹上。我的感悟就是，人，应该以自己的方式，过自己的生活，这就是最大的快乐，最大的成功。

生活对谁都是公平的，
没有人总是走霉运，
也没有人能够一路坦途，
没有磕绊。
不如意的生活是暂时的，
哪怕我们失去了工作，
失去了爱人，
失去了住所，
也不要失去对未来的信心。

耐得住寂寞，才能守得住繁华

多年前，我在网上曾看到日本NEK电视台拍摄的纪录片，讲的是北漂人的生活，其中讲到几个人在老家读书读不下去了，而他们一直特别喜欢音乐，渴望着组成一支乐队，过自由的生活，所以他们便来到了北京，圆自己的梦。他们在一家酒吧赶夜场演出，但是这几个人，弹吉他唱歌，并没有混出大名堂，跑夜场也没挣到太多的钱。采访中，他们每个人都谈到了在北京艰苦的经历，有的甚至为了吃饱饭而犯愁，最后以乐队不得不解散，各自寻找出路为结局。当时让我感到，北漂真的很不易啊。

看了他们的故事，又让我想起了以前看过黄渤、高虎主演的电影《上车，走吧！》，讲的也是两个毛头小伙儿来北京闯荡的故事。他们一开始通过亲属的朋友介绍，开起了小巴，虽说辛苦一些，但也收入颇丰，无奈他们的好生意遭到同行的嫉妒，哥俩屡次遭受挤兑，最终一个回了老家，一个改了行，继续默默坚持在北京漂。这部电影非常真实本色，反映了当时北漂人的辛酸生活。那时我还没来北京，看过之后觉得北漂真的很不容易，被人骗、被人欺负，还要在这人生地不熟的环境下讨生活，更不要奢谈什么梦想和成功了。

而在我真正来了北京之后才发现，在北京生活，没有想象的那么艰难和困苦，毕竟再苦再难也要比在老家封闭的生活要好，年轻人为了增加阅历和世面，出来闯荡是正确的。

但是也不得不承认，在北京一无靠山，二无亲人同学，忍受漫长的孤独，完全靠自己打拼，自己来摸索出路，没有坚定的信念是很难做到的。

在此，我要感谢给我第一份编辑工作的公司，是它，给我机会让我做了一年的党史编辑，使我有机会看了很多名人传记：《毛泽东传》《彭德怀传》《贺龙传》《历史的回顾》《叶挺传》等，赐予了我坚定的信念。这些传记除了让我对中国革命史有了深层的理解之外，还让我知晓了，那些耀眼辉煌的开国元勋们，原来都曾经有过许多沉寂，甚至是苦闷的时刻。是的，能让他们坚持下来，就是因为他们有着伟大的信仰和信念。

在夜晚的孤灯陪伴下，我曾无数次思考过，我的未来到底是不是在北京？这条路值不值得义无反顾地走下去？自己是不是太固执了？

后来，我想通了，我认为，北京这座城市很适合我的气质和爱好，我喜欢在这里生活，我在这里还有梦想要实现。它，值得我奉献所有的青春！

所幸，这两年我坚持了下来，有失去，更有所得。路过孤独和迷茫，但收获了信念和心灵的成长，这些都是我宝贵的财富。我认为，这些困苦，很值得！

北京北京——汪峰

我们掌控不了生活，
未来对我们每一个人而言都是未知的，
充满着不确定，我们只能掌控自己对生活的看法和心情，
既然如此，我们为何不选择快乐呢？

青春路上，有你有我，便不孤独

公司曾经有一个女同事，刚毕业不久，很单纯的那种，来我们公司一年多，某天突然跟我说她想辞职。我赶忙在下班的时候，找她单独聊聊，让她说说最近出了什么事。果然，她向我说出了最近的心事。她毕业就来到了北京，还算顺利，不久就来到了我们公司，一年多以来，她工作勤勤恳恳，多次受到老板的表扬。而且她心地善良，特别乐于助人，因此在公司有很好的人缘。但是一个小女生在北京生活毕竟有很多的不便，她父母很早就离婚了，后来虽然又复合了，但是父母关系一直很不好，父亲脾气暴躁，经常打母亲和她。毕业后一人来北京，其实也有想离家越远越好的心理。后来她母亲不堪受辱，便一个人出家了，这对她的打击很大，这意味着她和母亲相依为命的依靠都没有了，一个人在北京，有家不能回，她真的是被这个世界遗弃了，原本开朗活泼的她，现在变得郁郁寡欢了。她知道，这样下去是不好的，天天悲愁是会影响她生活的，所以她每天在公司都是强装笑颜。

由于她父母的关系不好，所以她的童年是灰色的，缺少很多童趣，缺少大人的关注和爱。她看的童书少得可怜，在很小的时候就开始看大人看的文学名著，使她喜欢上了文学。但是这种痴迷，使她活在了文学的天地中，有些与世隔绝了。在我们身边，她聊的话题都是书中的，都是关于文学的，所以和同事相处多少有些隔阂，虽然我们都觉得她人很好，亲切善良。因为这个原因，让她很郁闷，再加上这回她母亲的事，让她感到被这个世界遗弃了。她的心悲凉而灰暗，看不到希望。听了她的诉说，我也很同情她，通过她，我也隐约看到了自己的影子。她这个年纪，正值多愁善感的时候，再加上她的不幸童年，使得她特别敏感悲观。

一个人在北京生活，真的是很不易的。经济上的问题先不考虑，就说精神上的孤独感，就已让人受不了。想想我刚来北京的时候，幸亏有几个聊得来的同事和室友，让我的北京生活还算是乐趣多多。但是后来室友离京，我又转行做了编辑，同事之间交流得不多，我在周六日深深感到了一种孤独，只能去图书馆看书和去网吧上网来打发时间。

再一个，就是感情的空虚，没有另一半的陪伴，自己的感情处于真空状态是很可怕的，所以年轻人，就应该谈恋爱，让自己的内心深处的东西时时得到排放，这样是有利于健康的。只有这样，抑郁症才会远离你。

我当时跟她只是随便聊一聊，刚开始她的倾诉，伴随着泪水，让我有一种失控的感觉，因为我这个人性格很内向，也不善于开导人，然后我就说一些我自己在北京的经历，说我也曾经历过孤独和迷茫。说完这些，她的情绪稳定住了，而后我又说了一句，不管怎样，你很年轻，你有大把的青春在手里，你可以随便犯错误，尽情挥洒你的青春。这个就是资本，这个东西一生只有一回，过去了就回不来了，我很羡慕你呢。她听见我说了这个，心里突然好受了很多，心里很温暖，跟我说她不辞职了，好好生活，为了自己的理想，去奋斗一番的话。

我想对像她一样的北漂女孩说：困难是暂时的，你们的坚持，终将会收获丰厚的回报。我们的青春路上，有你有我，便不孤独。加油!

隐形的翅膀——张韶涵

2008年印记

2008年，中国让世界记忆深刻的就是两件事：一件事是北京奥运会，能在北京目睹奥运会的举办，是我的荣幸。记得开幕仪式那天天气异常闷热，上千万的北京人紧张得都要窒息了，毕竟大姑娘坐花轿，头一回嘛。还有，开幕式结束时放的礼花，真是壮观，感觉比过年还热闹。

另一件事是5·12汶川大地震，当时我在公司都有明显的震感。五万多人死亡，真是不堪回首的灾难！

在生死面前，一切都是小事

前面我说过，物质上的贫困不可怕，吃再多的苦我都心甘情愿，我只怕人生没有目标和方向，感到孤独和迷茫。但是在我的老朋友刘君这里，经过他的父亲的离世，我又觉得，在生死面前，一切真的都是小事。

来北京多年，回去的次数有限，老家的熟人渐渐联系得少了，时不时地就会听到从老家传来的某某离世的消息，让我不禁感慨生命的脆弱和短暂，以及岁月的无情。

其中印象最为深刻的，就是我的老朋友刘君的父亲。在老家的时候，我经常去刘君家做客。每次去，刘君的父亲都会热情地招待我喝酒。爽朗好客的父亲，给了我暖暖的温情。我很羡慕我的朋友，有一个这么热情亲切的父亲。

后来，我去了北京，见面的次数少了，但是每次回去，我都必去刘君家，和他的父亲喝一顿酒。直到2009年，他父亲得了癌症。

那年冬天，我还在清河住，每天上班也很忙碌。刘君的父亲那时已是肺癌晚期，来北京看病做最后的一搏。他们一家人来北京人生地不熟的，接待工作自然是由我来安排了。虽然我工作很忙，但是为了老朋友，我觉得这是我义不容辞的责任。可惜我在医院没有什么熟人，也帮不了什么忙，只能在后勤工作尽微薄之力。那时，他们去的是北大医院和阜外医院，都是属于二环内，我凭借自己在前门住过，熟悉那边的情况，在前门大栅栏给他们找了个旅店。作为感谢，那天晚上，他们还在大栅栏请我吃饭，至今记忆尤为深刻。那顿饭是在大栅栏的一家古色古香的北京特色餐馆吃的，对于我来说，曾经住过这里，也在这里吃过几次，所以并不稀奇。但是对于他们，尤其是刘君的父母是第一次来北京，在这里吃饭，一定是印象颇深的。里面的陈设装饰，都是清末风格，菜品都是纯正老北京特色。我们吃得很开心，席间还拍了几张照，其乐融融，一点也没有对他父亲的病的担忧之情（他父亲当时还不知道自己得了癌症）。第二天晚上，我还回请他们吃了饭。那是在一个特色火锅店，他们也是第一次吃，同样给他们留下了深刻的印象。

后来，因为要转医院，我又前后帮他们在外交学院和阜成门找了房子，他们在这里住了半个月。后来因为病情恶化，已无回春之力，只能回去了。当时听到这个消息，我的内心十分悲痛。但是在他父亲面前，我必须得装成高兴的样子。走之前，他父亲还跟我约定，过年回去一定要去他那儿，到时再喝点酒。不曾想，那次告别，竟成了永别。

刘君的母亲说，北京之行，给他们留下了很深的印象，还说，他走的时候是安详快乐的，他说他很留恋大栅栏的霓虹夜色，热闹繁华……

他们一家人的乐观，让我很受触动，他们能看透生死，还有什么看不透的呢？在生死面前，一切真的都不算什么了。

后会无期——邓紫棋

老天自有安排，我只负责精彩

那时的我，最大的苦恼还不是没有女朋友，而是不知道自己的未来在哪里，不知道自己的未来发展方向。毕竟挣的这么少，根本无法在北京买房安家，这么下去是没有出路的，还是应该早下决断，要不然等30多岁了，才发现这是一条死胡同，那时才知道转向，就已经晚了。所以，那时的我，每天都很焦躁，总是在想是不是该离开北京，重新选择一条新路。

每天夜里，躺在床上，翻来覆去睡不着，我在想，要是自己能够穿越时光隧道，能够来到十年后，看看自己在哪里生活，从事什么职业该多好呀，那样就不用在此时此刻担忧瞎想了。但是转念一想，路都是选择出来，如果不去选择，只是单纯地逃避依赖，未来又怎么会过得好呢？还是顺其自然吧，要相信自己，时机成熟了，自然会有一个选择的。

这不是自我安慰，我相信我自己，当初选择来北京，不就是一个在特定的时机下的正确选择吗？来北京后的每一步，虽然很曲折，甚至会有倒退和反复，但是这几年下来，总体来说，还是一直向前走的，生活是向好的方向发展的。我要相信自己，相信自己的工作选择，毕竟我心底是喜欢这份工作的。我来北京，不单纯是挣一些钱，关键是要找到自己。以前在老家，为何会抑郁不得志，为何会苦闷，不就是不知道自己适合什么工作，不知道未来的方向在哪里吗？现在来看，就是不知道自己是谁，从来哪里来，要到哪里去。

而现在，自己已在北京，从事着自己喜欢的工作，自己的价值得到了承认和体现，只是这点成就还远不能在北京安定下来，自己还有很长的路要走，甚至艰难得让人看不到未来，但是别怕，想一想，人生哪有那么多容易走的路呢，哪能随随便便就能成功呢？

人生最清晰的脚印，总是印在最泥泞的道路上。

未来的生活会怎样，我们谁也说不好。也许会更好，也许会更坏，但不管怎样都要一个人走下去。北京有800万外地的年轻人，和我一样，都在经历着充满不确定的生活，他们都在执着地坚持着。我们掌控不了生活，未来对我们每一个人而言都是未知的，充满着不确定，我们只能掌控自己对生活的看法和心情，既然如此，我们为何不选择快乐呢？想到这儿，我的心瞬间温暖了下来。

这也让我想起了一句话，说人生就是没有返程的长途旅行，重要的不是目的地，而是沿途的风景，以及看风景的心情。是啊，人生的目的地就是死亡，我们谁也逃不了，既然这样，我们为何还要为过去而后悔，为未来而担忧呢？为何不好好享受当下，去感受当下的生活所带来的快乐呢？

由此，我对未来不再恐惧，未来会怎样，那是老天的事，我只负责让每天的生活过得精彩。

完美生活——许巍

所有的失去，都是为了更好地遇见

我发现一个有趣的现象，在我不算丰富的人生中，有很多次都是在我最痛苦，最走投无路的时候出现反转。也就是说，好像命运之神一直在看着我，他拿捏得很到位，不会让我一直痛苦下去到承受不住，也不会让我顺风顺水，丝毫没有磨炼。

来北京之前就是一次，2004年的年初，我在老家的一家小书店工作，那时候就已经动了走出去的念头。但是因为马上要过年了，所以打算在老家先干一份短工，而且那也是一份跟图书有关的工作。但是来到这儿之后，我有些后悔，因为我原本是应聘图书销售工作，而这个小书店业务根本就没有开展起来，还处于初始阶段，只能先暂时干着枯燥无聊的给书打包的工作。因为这里是图书批发市场，每天至少要打几十包甚至上百包图书，每天工作12个小时，一个月只有4个休息日。每天干体力活，这使我感到很屈才。过年时，我们几个同事组织去老板家拜年，老板很热情地招待我们吃饭。在饭桌上，老板还向我承诺，年后让我主管业务，让我负责招人，组建业务部。但是年后，我却丝毫看不到老板有这个打算。两个月后，我向老板提出辞职，但是他却迟迟不同意，押金也不退给我，那时的我真是郁闷到了极点。后来好不容易摆脱了这个小书店，我又在广播电视器材的公司摔了跟头，试用没几天就被刷了下来，而且是栽倒在公司组织去北京的前夜，让我感到真是霉运当头。但这也许是上天的一种安排吧，是老天在提醒我，该是离开此地的时候了。果然，半个月之后，我应聘铝材销售员成功，便来到了北京。

然后就是2006年，我转行做编辑刚满一年，但还不是真正的图书编辑。在那家公司辞职后，便不顺利了，一直没有找到合适的工作，这是老天告诉我，该回家学习去了，果然回家把自考本科考了下来。第二年春天再次来北京，也不是很顺，编辑职位甚至离我越来越远，女朋友也跟我分手了。那时候对我确实是一个巨大的考验，是否还要在北京坚持下去？一没感情寄托，二没工作支撑，要命的是不知道未来的方向。我就像大海里的一片树叶，不知道往哪漂浮，也毫无存在感，只能随波逐流。但就在我最痛苦、最无助的时候，唐晓芙出现了。她的出现让我精神为之一振，突然感到在北京有了精神寄托。果然不久，我的运气发生了逆转，找到了一家图书公司，正经八百地做起了图书编辑，学到了真东西，才有了今天。

2009年，唐晓芙宣布她有男友了，我的精神受到了猛烈的打击，不久我又辞职了，然后就是搬家到宝盛里，一个人居住。那时的我，也是想着这一年要是一直这么不顺，我就离开北京去南方看看。在这个低谷中，老天再次伸出援手——不久，我认识了我现在的老婆，真正地有了感情的寄托。这时我才感到，我在北京才算最终安定下来了。然后便顺利地结婚、买房、生子。

回首这一幕幕，我的感受就是，生活对谁都是公平的，没有人总是走霉运，也没有人能够一直坦途，没有磕绊。不如意的生活是暂时的，哪怕我们失去了工作，失去了爱人，失去了住所，也不要失去对未来的信心。我们要明白一点：所有的失去，都是为了更好地遇见。

蓝莲花——许巍

2009年印记

•亿万人的偶像，美国摇滚巨星迈克尔·杰克逊去世。我至今还记得，第二天上班，我和同事聊的只有一个话题，就是这位巨星的离去，代表着对我们青春的告别。

•10月1日，中华人民共和国成立60周年国庆大阅兵，甚为壮观，那时我在大栅栏住，离天安门只有不到两公里距离。我至今还记得，头一天晚上，因为戒严，附近的居民把菜市场的菜抢购一空的壮观场景。还记得阅兵典礼时的礼炮声震耳欲聋，把我虚掩的房门都震开了。还目睹了检阅的战斗机从我头顶飞过，近距离感受着阅兵仪式的恢宏，这都是我人生中值得铭记的一刻。

第四章／有一种青春叫奋斗，有一种青春叫梦想

青春是美好的，它充满活力与梦想，但青春又是短暂的，希望你能把握住宝贵的青春，发挥你的优点，坚持不懈，直到成功！

——唐松

有一种青春叫奋斗。

30岁的我，不再迷茫，也没有时间去迷茫，此时的我突然明白，要想过自己想要的生活，唯有奋斗；要想过自由的生活，就要使自己充满竞争力，使自己在社会中强大起来，成为生活的主人。

自由和成功，哪个更重要？

在北京，我发现一些自由一族，他们崇尚的是绝对的自由，一份工作，稍有不如意，立马潇洒地走人，此地不留爷，自有留爷处，就像武侠小说里的大侠一样且行且歌地走江湖。

我相信，职场中人，几乎所有人都是这样想的，只是不敢那么做罢了。要不是为了讨生活，我们早就炒了老板鱿鱼了，什么全球旅行啊，什么一个人的探险啊，什么再不疯狂我们就老了，诸如此类的想法，在我们心中闪念过无数次。但是这些只是浪漫的梦，周一醒来，我们揉揉眼睛，叹了口气，又会乖乖地上班了。所以，对于这些少数有个性、恣意潇洒的人，我们总是很羡慕他们对生活的浪漫情怀，而对大部分人来说，终将要过俗世的生活。

他们的主张没有错，生活不应只有苟且，还有那诗和远方。过自己喜欢的生活，活出自己，这也是我所渴望的。但是，我们首先要有尊严地活着，然后才能活得快乐和自由。而要想有尊严地活着，我们就必须要努力和奋斗。

毕竟，随性自在的生活是要有资本的，要么自己是富二代，家里有用不完的钱；要么是自己有才华，随时随地都可以靠才艺生存。不然，完全没有能力和背景，这样的日子终究会走到尽头的。所以，潇洒任性完，我们仍将独自面对这冷酷的人生。唯有努力，才会有未来。

如今的社会，竞争太过激烈，作为男人来说，不管怎么俗套，事业的成就仍然还是衡量成功与否的标志。再说，为了老婆孩子生活得更好，我们也没有理由不玩命打拼挣钱。所以，在冷酷的现实面前，我们不得不放下任性，放下浪漫。

但是，生存在职场，我们不能得过且过，只看眼前的那点薪水，而是要有自己的目标和方向。就好比圆规一样，圆规为什么可以画圆？因为脚在走，心不变。而我们为什么不能圆梦？因为心不定，脚不动。只要每天为了内心渴望的目标而努力，认真去学习，敢于去行动，那么梦想实现的日子只会是早晚的问题。

虽说，这样的日子不任性也不潇洒，但是却很充实和睿智。这也是三十多岁的人所走的成熟之路。

飞得更高——汪峰

给人打工，还是自己单干？

对于在职场打拼了几年的人来讲，给人打工实在有些厌烦，每天都要看老板的眼色，老板的一句话就可以把你招之即来挥之即去；老板的一通训斥，让你一星期都不舒服。但是，没办法呀，自己能出来单干吗？有那个魄力吗？有那个资金和人脉吗？有那个经营头脑吗？有那个勇气和胆量吗？万一赔钱怎么办？自己是那块料吗？还有好多都不懂呐！所以绝大多数人，也就是发发牢骚，最后还是忍气吞声、浑浑噩噩地又开始了朝九晚五的生活。

职场人士来来往往，据我观察，无非三种：第一种，就是那种跳来跳去的人，在这儿干几个月，在那儿干一年的，人生无数次“跳槽”，甚至换了很多行业，看似同事众多，人脉广泛，有很多跨行知识和经验，但是毫无一技之长，对哪个行业和岗位都不甚了了，毫无方向感，很迷茫。第二种，人生极少“跳槽”经历，在一家公司爱岗敬业，深受老板器重，是公司依仗的大腿级人物。这样的人，每个公司都会有几个，他们把公司当成了家，对某个行业和岗位很精通，对老板极为忠诚，所以待遇都还不差，人生四平八稳。第三种人物，这种人不多，但极富远见，他们“跳槽”不多，但是每次“跳槽”都极有目的性，在每家公司都能学到真东西，积累了经验和资产后，最终自己走向创业之路。

自己当老板，虽然自由了，但是真的能操纵得了吗?

给人打工，还是自己单干?这是个问题。

在北京，工作室格外地多，只要在自己的家里，准备一些相关的器物，然后整理整理起居室，腾出一些空间，就可以开张大吉了。比如婚纱摄影。我在拍结婚照时，就见证了很多的夫妻店，在家里，在网上，就可以谈生意，找客户，彻底搞定。投资小，见效大，轻松又自由，何乐而不为呢?当然，自己单干，作为老板的你最好要有一技之长。还是以婚纱摄影为例，你要么精通摄影，要么精通化妆，要么精通服装搭配，要么精通照片后期修图，等等，总之你要能够独当一面，这样就会少了雇用一个员工的价格。毕竟小作坊，老板既是管理者，也是执行者，这样才能开源节流。所以自己单干，也要掂量掂量自己有没有这些素质。

我的经验是，要想自己单干，还得先给别人打工，从中学点真本领。尤其是那种没有天生的商业头脑的人，就需要通过后天的学习，只要用心，假以时日，就可以单飞了。切记，一定要有耐心。沉下心来用心去学习，学到真本领，然后再单干。

一切都准备就绪了，但还是缺少勇气，毕竟离开公司，没了底薪，未来一切都不确定了。但是要记住，我们终将会死去，为什么不在活着的时候去追随自己的内心，做自己想做的事呢？迈出这一步吧，不管是成功还是失败，只要勇敢尝试了就好，这样到老了就不会遗憾，就有资格对自己的孙子说，你爷爷当年也曾兴风作浪过。这样的一生，值！

我相信——杨培安

对30岁的恐惧

孔子曰：三十而立。对所有年轻人来说，30岁就是一个坎儿，迈过了30岁，人生就完全变了天。

二十多岁，我们可以迷茫，今日有酒今朝醉；30岁如果还这样，人们就会说你是昏头昏脑，幼稚不成熟。

二十多岁，我们可以独来独往，沉浸在自我的小天地；30岁如果还这样，人们就会说你有自闭症、情商低，不会来事儿，一辈子也不会有出息。

二十多岁，我们可以辞职，可以说这个世界很大我想去看看，可以任性而洒脱地开始说走就走的旅行；可是30岁如果还这样，人们恐怕就会说你是脑袋空空，不会规划人生，没有上进心的不靠谱的颓废青年了。

二十多岁的我们，谈的是明星八卦、恋爱游戏、人生还有几种可能的浪漫梦想；30岁的我们，大都只会谈哪个地段的房子便宜能增值，孩子选择哪个幼儿园放心，昨天的股票没有卖今天大跌后悔死了，职业发展遇到“瓶颈”没有上升空间，是转行还是自己创业等血泪现实。

对于二十多岁的人来说，30岁，是一个恐怖的数字，是一个坎儿，他们的理想往往就是设在30岁。问一个职场女孩，问她就这么单着多孤独呀，一个人在北京打拼不容易呀，有没有规划呀，什么时候结婚呀？她往往会说，宝宝心里苦着呢，不过有一点很坚定，要结婚，还是等到30岁吧。问一个男孩，怎么还不恋爱？他回答，没有事业，没有钱呀，目前就是想着好好工作，提高自己的能力。对方又问：但也不能耽误了终身大事呀，个人问题有什么规划吗？他回答：不急，30岁再考虑个人感情问题，到时有了钱，还愁找不到女朋友吗？还有一个人，痴迷于自己的爱好，但是这个爱好不能让他自食自立，家里的父母也很焦急，想想都二十好几了，没工作没对象，将来可怎么办呀！但是看见儿子是真心痴迷自己的爱好，也不太好直接劝说，生怕他有逆反心理。事后他跟我说：其实这些道理我都懂，也十分明白和理解父母的担忧，但是自己的青春就这么几年，我就是想趁自己还年轻，做一些自己喜欢的事情，如果到了30岁，我的爱好还是养活不了自己，那么我就认真找一份稳定的工作，或者开一家公司，结婚生子。不再幻想，踏实生活。

所以，30岁，就意味着告别幻想，告别青春，开始面对现实，开创事业，结婚生子。这是一种责任，也是一种压力，很多人恐惧这种责任和压力，所以他们恐惧30岁的到来。不知道你有没有这种感觉：在二十几岁时，每长一岁，都会很清楚自己的年纪，别人问自己的年龄时，都是毫不犹豫地说出来。而一旦过了30岁，就会刻意回避这个问题，对自己的年龄不再清晰，别人问自己年龄时，总是装糊涂，或者笼统地说自己三十多岁，就这样混过去……

你可能要问，难道30岁就必须要结婚生子、有房有车，一板一眼、按部就班，甚至是循规蹈矩，未来的轨迹一眼就能望到头？

在此，我不想做过多的评论，毕竟每个人的家庭出身、兴趣爱好、性格本性、人生追求不一样，追求浪漫脱俗也好，实际理性也罢，只要是自己合适的、喜欢的，就无可厚非。我作为一个北漂的亲历者，只是想谈谈我个人对30岁的看法。

我来北京时只有23岁，那时觉得30岁离我还太遥远，觉得到了30岁我应该会很成熟、很有成就感，觉得30岁的成功会水到渠成自然而然。可到了30岁时我才发现，20岁如果什么也不做、不努力上进的话，30岁会成功，那是根本不可能的，纯粹是自欺欺人罢了。

追求成功卓越，和追求自由自在都是每个年轻人的理想，它们并不相矛盾，要想过自由自在的生活，大前提就是必须成为成功人士，而从事自己热爱和擅长的行业（这个选择会让你感觉更自由）成为成功人士的可能性最大。20岁的人都是充满梦想的，而且这梦想大都跟事业有关。我当年来北京，虽然有渴望去大城市见见世面、渴望自由生活的成分，但是也有很多寻找自己的未来出路、追求自己的梦想的因素。

北京是个寸土寸金的地方，房价高得令人咋舌，有钱人多如牛毛。在北京扎根，对于大多数北漂来说，都是可望而不可即的梦。在大多数北漂心目中，人如果过了30岁，仍然一无所成的话，一般就得考虑是否要回老家，稳稳当当地工作、结婚生子了。毕竟，漂，就意味着不确定，不确定未来会好，还是会坏，这种不确定，会让人极其没有安全感，充满恐惧，令人不安。所以，到了30岁，对于我这个总是比别人慢半拍的人来说，该是奋斗的时候了。

从一个死跑龙套的，到喜剧大师

小的时候，我并不是很喜欢周星驰，觉得他的形象太油滑，演的角色虽然很搞笑，但是有时很轻浮，很无厘头，感觉都是一些上不了大台面的东西。

后来看《大话西游》，我发现他的作品里渐渐有了一些东西，虽然还是那种无厘头的幽默，但更多让我看到了对于有情人不能终成眷属的悲凉绝望，也看到了人对命运和时光的无奈的感慨，在笑声中，我们会不知不觉中留下几滴泪。这部电影，激发了我对周星驰生活中的探究。

生活中的周不苟言笑，极其腼腆，跟电影里的角色大相径庭。翻阅他心酸的童年和成长史，让我不禁开始同情他和关注他。其后几年，《喜剧之王》《海角七号》《功夫》《西游降魔篇》等电影我场场不落，逐渐成了他的粉丝。

深入发掘周星驰的童年，我发现我的性格和他有很多相像的地方。周星驰也是巨蟹座，性格安静敏感。童年时父母经常吵架，以致后来离异，他的妈妈独自一人拉扯周星驰和一个姐姐、一个妹妹长大成人，可以想见其生活是多么清苦。周星驰心酸的童年，深深刻入了他的记忆，影响着他的一生。他的喜剧作品背后有一种深沉的东西。爱情悲剧，童年爱的缺失，小人物对于命运的无力掌控，以及对于命运的抗争和逆袭，让人们看过其作品后，经常是大笑之后又满含眼泪。他的作品，我看了很有共鸣。

我小的时候也和他一样，瘦小枯干，很自卑，经常受强壮的孩子欺负，长大后，在很长时间里也是一直做着卑微的工作，丝毫没有存在感，人生找不到出口，很迷茫。

周星驰在做演员之前，曾做过6年的儿童节目和娱乐节目主持人，而他本是一个内向腼腆的人，这和主持人的外向活泼，应变敏捷的要求显得极为不匹配。一个人从事着自己不喜欢不擅长的工作，内心的痛苦和无助，对未来的迷茫和悲观，我是深有体会的。

好在，周星驰对他的梦想很执着，哪怕后来终于从事他喜欢的演艺行业，一开始只是一个跑龙套的，他也极为认真。但是，跟他年龄仿佛的梁朝伟当时已经是演艺界的当红小生，也有了一个漂亮的女朋友，与之相比，周星驰还是演着宋兵甲、死尸乙的龙套角色，而他暗恋的一个配角女演员，人家连看都不看他一眼。但，正是周星驰的这种辛酸的历程，才会引起人们的同情和共鸣，他最后的成功，也才会更加鼓舞人心吧。

周星驰以他的亲身经历，为我们诠释了丑小鸭变成白天鹅的励志故事；同时也给了我深深地鼓舞：英雄不问出身——大名鼎鼎的喜剧之王，曾经不也是一个“死跑龙套的”吗？

我们终将会死去，
为什么不在活着的时候去追随自己的内心，
做自己想做的事呢？
迈出这一步吧，不管是成功还是失败，
只要勇敢尝试了就好，
这样到老了就不会遗憾。

有时候，选择比努力更重要

生活就是由无数个选择组成的。确实是这样，高考时，选择哪所大学、学哪个专业，毕业时，选择哪份工作、在哪座城市生活，恋爱时，选哪个女友（男友），最终成为一生伴侣，等等人生大事，都是靠着选择而得来的。而且这些大事，都不能选错，有时选错一步，有可能是步步错。

所以说，人生是场修行啊。同时，也通过我这几年的经历，深深感到了人的一生成败，选择有时比努力更重要。

就拿我的北漂之旅来说，当初来北京就是走一步看一步，想着正好2008年奥运会在北京举办，借机可以看看盛大的场面，然后计划去上海发展，还可以看看2010年的上海世博会。总之，那时的我，根本就没有在北京扎根的念头，一是这里房价太高，根本买不起；二是觉得自己的朋友同学都在老家，北京没什么熟人，在这里不好混，只能是匆匆的过客。这种想法一直持续到2010年，这其中有很多次，差一点就要离开北京，一次是2005年的6月到7月，那时我从北京办事处辞职，不再想做业务了，而是想做自己喜欢的文史类的编辑，但是由于没有经验，找工作一直不太顺利。自己当时都想好了，如果再有一个月还是找不到工作的话，就打算回老家休息一段时间，然后计划去上海了。

还有就是2007年的年底到2008年年初，那时正是我来北京的低谷时期，很孤独，也很迷茫，但是也更执着。当时就是想，最坏的打算，就是如果到年底也没找到未来方向的话，第二年就去南方发展。

最后一次，就是2010年的深秋，那时自己对图书行业前景产生了困惑，当时还特意去了八大处拜了拜佛。那时也是做了最坏的打算，如果自己接下来一直不顺利，那么第二年就去成都发展。

但是这三次，最后我都顺利度过了，说明老天不想让我离开北京。

人们都是恐惧改变的，我也是这样，当初来北京，要不是因为公司派遣我到北京做市场，我估计后来也不会有北京之行，那时的我觉得北京太大、离家太远了，有可能去的也就是大连什么的。但是来到北京之后，我发现在北京生活也没有想象的那么难以适应，而且觉得这里更有一番风味，更符合我的本色。试想如果我当初没有来北京，而是在老家或者大连工作，在那样的环境下，我就很可能从事着我不喜欢的工作，我的理想和抱负也就无从施展了。

那几年，我特别喜欢订计划，但是大部分的计划都是拖了又拖，每年的新年，我几乎都是在感叹，今年的目标又没有实现。但是有些计划终究是拖不了的，或者说，命运到时会自然而然地把你带到那个地方，你只要选择一下即可。这么说也并不是意味着，你就不用努力了，事实上，如果我要是没有那份坚持，估计我早就回老家了。我之所以那么坚持，并不是我有什么优良的品质，而是家里那郁闷的生活，叫人恐惧，是恐惧让我选择来了北京，哪怕吃苦受累。

我只是想说，人的一生将面临无数次的选择。选择，让人的心不落地，因为你不知道你选择的路是对是错，因为人生没有回头路，你要为你的选择负责。而且你选择后，还将面临你走的路是一片陌生的路，你会有可能会摔倒，会受伤，甚至会躺在原地止步不前。但不管你如何恐惧，只要你选择了，迈出去了第一步，你就会发现接下来的风景其实美丽得让人意外，你会看到另一片桃花源。最后，你会获得意想不到的成功。

所以说，有些路你不走，就不知道它有多美。来北京是恐惧促使我向前的，冲这点，我要感谢我的恐惧。但是我要想在未来有所突破，我就得克服我的恐惧，勇敢地向前迈进，勇于去选择，你得到的绝对要比你失去的多得多。

存在——汪峰

2010年印记

·《老男孩》风靡网络，青春怀旧风暴就此开启。

·南非世界杯，西班牙首夺冠。

你适合做什么工作?

现在的年轻人，很多都不清楚自己适合做什么工作，一般来说，他们择业更看重的是单位的福利和稳定性，希望找个工作不太累，挣得多，并且能长期持续下去的工作。当然，这个工作还要体面一些，说出去，让别人不会小看你。但是，这样的工作会降临到你眼前吗?

其实，最靠谱的工作还得是你喜欢和擅长的工作，这样，你才能得心应手，并且能够有激情地投入进去。人就是这样，全身心地投入进去的，就是用心的，凡是用心的事，就会获得成就。因此，这样的工作，你不想成功都难。

那么，怎样才能找到你擅长或者喜欢的工作呢？有的人会说，我也没有什么喜欢和擅长的呀，我对什么事情都差不多。其实你只是还不了解你自己。你被外在的浮躁的社会所左右，为了追求清闲、有钱、有品位的好工作而蒙蔽了双眼，而对自己的内心疏远了。

叩问自己的内心，从小到大，你学习哪一门科目成绩最好、你最喜欢、你学习起来最为轻松？或许是语文，或许是数学，或许是音乐，或许是体育。选出一个，然后再仔细分析，你的业余时间，你都喜欢做什么，当然像看韩剧、玩游戏、泡网除外。再比如，假设你的生命只剩下6个月了，你想利用这6个月来做什么，这也就是你余下生命的意义。

有人会说，这些问题看起来简单，回答起来并不容易。有人说我的爱好就是旅游，业余时间，也爱出去逛，如果生命只剩下6个月，那么我就会游遍全世界。我就是喜欢玩，世界那么大，就是想去看看，这能说明什么呢，我这样适合干什么呢？导游吗？我可不喜欢，那样带着团队太累，我就喜欢自由自在啊。

是的，人们习惯了把工作和玩划分界限，认为每个人和玩乐相比是不会热爱工作的，除非有金钱的利诱。但是这么想的人，是不是有些太低俗化了呢，难道人除了吃喝玩乐以外，就没有更高的追求了吗？

假设，你现在衣食无忧，手里有很多财产，总之，你可以尽情地吃喝玩乐，每天都是如此，你能保证长期下来，你一直会快乐无比吗？你的心不会空虚吗？你就不想做点什么事情吗？让别人需要你，让社会需要你，让你凭借你的工作，能为历史所铭记，产生久远的影响，享受万众的倾慕吗？这个不用我来说，我想，你的体内，自然而然地就会萌发出这样的意愿了。

好的，这样，你把我在上面所说的几条结合在一起，给自己号号脉，你就会知道自己内心喜欢什么，擅长什么了。

现在，我先叩问我自己。从小到大，我的学习成绩平平，偏科严重，数理化一直不是我的菜，体育也不擅长，音乐也没什么天赋，画画虽然有点父亲的遗传，但也算不上我的优势。相比较而言，我的文、史、地理要好一些。我对天文、地理、历史、文学，有着天生的喜好，看这类的书，我可以废寝忘食。在我很小的时候，大约也就七八岁年纪，我就开始看舅舅的高中地理和历史课本，十岁左右，就能把历史朝代背个滚瓜烂熟。十三岁，就通读了《三国演义》。这些东西天生就吸引着我。来到北京后，我一直都是保持着有时间就去图书馆看书的习惯。自然而然，我就想着能往编辑行业转。

通过这些喜欢的课程来看，我可以当中学老师，教授这些课程，但我性格敏感内向，不适合站在人前演讲。那么我可以做一个考古人员，挖掘文化古迹什么的，但是这样的一般是事业单位，像社会科学院什么的，不是名校毕业、硕士以上学历，是进不去的。除此之外，就没有什么合适的职业了。所以衡量许久，我觉得还是跟图书有缘，那就做图书编辑吧。但是图书包罗万象，是个广泛的学问，我只是喜欢其中一部分的学科，喜欢去研究，那么利用图书出版，来接近我喜欢擅长的学科的作品，就是我的出路了。通过这个来挣钱，那么就只能是做畅销书了，做跟历史和地理有关的畅销书。呵呵，这就是我的方向和使命了。

然后回答第二个问题：业余时间，我会干什么。我承认我的业余时间，我会选择去放松，不会去想工作，我会玩游戏，会看足球，会出门闲逛。但是抛开这些，我也会去翻翻历史书，去研究我所不知道的知识，而且很喜欢看这类纪录片，或者科教节目等。所以，我的业余时间，喜欢的也是我的文史地理天文。

那么第三个问题：如果我的生命只剩下6个月了，我会利用这点时间干点什么？去旅行？呵呵，几乎所有人都会这么回答，这显示不出你的特点来。我仔细想了想，我会利用这6个月，干些有意义的事，干些能让后人，让我的儿子、孙子记住我的事。做什么呢？古人讲，立功、立德、立言，是人生三大成就。立功，我一介凡人，留给儿孙的绝对不会是我的声名显赫。和平年代，我也无法建功立业，所以这些就免了。立德，品德高尚，是一个人必备的修养，你有，人们会敬佩你是个好人，你没有，人们也不会说你什么，只要你有钱就行了。很显然，这个东西，现在已经不符合这个时代了。那么就只剩下立言了。立言，就是要著书立说啊，通过你的文字，把你的思想，你想给这个世界，给你的后人想要说的话，写下来，让他们都能看到，这样能长久体现，也能显现你的功德。所以，这是最可取的。说来说去，就是做书、写书、搞研究，以你喜欢的学科，做出小成就，顺便挣点钱。

分析完毕。我的使命，就是做书，做文史地理天文相关的书。

北漂生活不能没有音乐

北京，是很多人遥不可及的梦。这里人多喧闹，这里房价奇高，这里交通拥堵，这里雾霾笼罩，这里就算我们买得起房和车，但是没有北京户口，子女仍然难以上公立学校，仍然参加不了高考。但是我们，仍然还是义无反顾，前赴后继地涌向北京，图个什么？就是为了心中那个遥不可及的梦？可怜的北漂人啊，无一例外，全部中招。

是啊，无论在北京混得再好，我们都无法走进北京。对于大部分北漂人来说，北京只能是我们人生旅途的一站，但是这一站又分外沉重，因为这里承载了我们太多的梦想和寄托，以至于我们不惜拿青春做赌注。这样的故事，注定是可歌可泣的。所以北漂人的故事，值得去讲述。

2011年的春晚，有一首《春天里》的歌曲火了，歌唱者不是什么大腕歌星，而是两个北漂草根——旭日阳刚。他们成名前，在北京地下通道卖唱。这样的人北京还有很多，记得我刚来北京的时候，一个人时就会经常在地下通道听他们唱歌。他们的歌唱得非常好听，青春自由、奔放豪迈的乐曲，听起来特别带感，深深地被他们对生活的乐观和对音乐的炽热所感染。记得我刚来北京的时候，那时生活还很不稳定，觉得一个人在陌生的城市流浪，也不怕遇见熟人，也想抱着吉他在地下通道卖唱，憧憬着能有这样的经历还是挺酷的。

《春天里》这首歌是汪峰作曲作词兼演唱的，但是我之前对这首歌却不太了解。直到旭日阳刚唱了这首歌，我才发觉，这首歌是汪峰创作的最好的一首歌。旭日阳刚唱功虽然比不上汪峰这样的专业歌手，并且当时在春晚舞台上，由于紧张和激动，歌曲高音部分略微有些走调，但是却丝毫不影响我对他们的喜爱。他们是用心来歌唱，这首歌唱的就是他们自己，也是我们这些千千万万的北漂人，那些无数的为了梦想而执着的奋斗者的心声。每次回放这个节目，都会让我忍不住流泪。这种强大的感染力，是那些高高在上的专业歌手，拼尽全力也打动不了我们的。

因此，我把这首歌当成我的励志歌曲，每当我偷懒懈怠时，就把它播放出来，让我抖擞精神，重新上路。

附上这首歌的歌词：

还记得许多年前的春天

那时的我还没剪去长发

没有信用卡也没有她

没有二十四小时热水的家

可当初的我是那么快乐

虽然只有一把破木吉他

在街上 在桥下 在田野中

唱着那无人文件的歌谣

如果有一天 我老无所依

请把我留在 在那时光里

如果有一天 我悄然离去

请把我埋在 这春天里

还记得那些寂寞的春天

那时的我还没冒起胡须

没有情人节也没有礼物

没有我那可爱的小公主

可我觉得一切没那么糟

虽然我只有对爱的幻想

在清晨 在夜晚 在风中

唱着那无人问津的歌谣

也许有一天 我老无所依

请把我留在 在那时光里

如果有一天 我悄然离去

请把我埋在 在这春天里 春天里

汪峰——《春天里》

越努力，越幸运

说说我在公司遇到的几次小幸运吧。

幸运、巧合之类，我想每个人多少都会遇到一些，对于我也不例外。但是有时，有些幸运真的是太令人不可思议，就好像是上天对你的一种恩惠，或者说是一种提示。比如，我在做《FBI教你读心术》那本书的时候，我作为责任编辑，除了内文编辑、文案策划以外，当然还得顾及封面的策划。那时，我刚来这个公司不久，公司的编辑部主任又暂缺，老板对我完全放手，几乎完全自己来做主，因此给了我充分的自由，也相应地带来了压力。记得我刚接手这个稿子时心里一阵小激动，因为这本书我一年前就在台湾诚品书店网站上了解过，是一本火爆的畅销书，那时我还在之前的公司，工作之一就是负责寻找台湾地区的图书选题。2008年和2009年，那两年正是畅销书井喷阶段，什么《秘密》《大便书》《遇见未知的自己》等就是先在台湾火起来的。但是《FBI教你读心术》这本书在中国大陆地区刚出版却不温不火，当时我的感受就是书名和封面不太好，台湾地区发行的版本叫《FBI教你读心术》，而大陆版却叫《FBI教你破解身体语言》；

台湾的封面精炼有权威性，大陆的有些乱、散，缺少重点。对这本书，我一直关注着，这回再版，正好我来做责编，真可谓是“念念不忘，必有回响”啊。

内文编辑阶段，没有什么太多说的，原文翻译得还不错（12.8万字），但是作者有些地方叙述得有些跑题、啰唆。然后再对照原来的大陆版本（5.5万字），又有些删过了，完全精简成干巴巴的操作说明书了。所以我决定走中间路线，相应删掉了有些啰唆的部分，但基本保留原书的框架和结构，有些延伸性的叙述也基本保留了（10.8万字）。

文案是基本按照台湾的底子，稍作了些修补。接下来，就是令人头疼的封面了。公司联系的封面设计师，发来的小样，感觉根本不是那个味道。当时我心里就在琢磨，这本书书名叫“读心术”，那么用什么来读，当然是用眼睛。晚上我还跟室友讨论，室友也觉得，应该是突出眼睛。作者本身是FBI神探，所以放他本人照片比较好，理想的就是摆着一个比较酷的造型，一只手托着下巴，做沉思状，然后眼睛死死地盯着前方，眼睛要给人一种洞察一切的感觉。总之，这本书要充满气场，让小偷坏人看了有不寒而栗的感觉，那么这本书就成功了。但是，这个作者造型，内文插图并没有相关的动作，总不能联系作者现照一张吧。再说时间也不等人啊。所以心里有想法，但就是没有办法来实施。郁闷中，我就继续在台湾诚品书店网站搜索，发现这个作者除了这本书以外，还有一本书卖得也不错，而且是新书。让我喜出望外的是，这本新书的封面，是作者大大的头像，只有半张脸，整占了封面的一半，十分有震撼力。当时第一感觉就是兴奋，觉得就是它了！下载下来时，心里怦怦直跳，手也在抖。虽然跟我之前预想的有出入，但是那种威慑气场的感觉，则和我想得一样，甚至更好！所以我马上把这张图和我找到的作者照片，发给了我原来公司同事给我介绍的设计师那里，听说她是一个很有灵感的设计师，果不其然，最终设计出了新封面，颜色搭配天衣无缝。

万万没想到的是，这本书最后竟然大卖特卖起来，引领了“读心术”风潮。

但是这个幸运不算什么，最让我震惊的是后来的一次。

那是另一本书的封面，本来设计师也找好了图，封面发来，大家一致通过，可就在一个月后，打算做封面展开进行最终制作时，设计师告诉我这个图片居然找不到原图了。找不到原图，即意味着图买不了版权，用不了，只能重新设计封面，耽误时间不说，原先的那种感觉就会不复存在了。设计师当时也有些着慌，没办法，只能先试着找找，为了赶进度，我也帮着来找。设计师告诉了那张图来源的图库网站，我打开一看，好家伙，这里的图还真不少，从哪里搜起呢？

这张图呈现的是一个女孩的后背，她身穿一件白色T恤，一只手高举着一个草帽。我在关键词里输入“草帽”，结果一页页翻找，没有。然后输入“女孩”，好家伙，显示500多页，简直是大海捞针。没办法，我就多输入一些关键词——女孩、白T恤、草帽，结果还是找不到。而且我发现这个网站不是很智能，即使我把范围缩小了，但是显示的仍然还是500页，里面大部分都是跟关键词无关的图片。这时我感到十分无力，觉得这么找，猴年马月也找不到，得想想捷径。但是这个有什么捷径可言呢？我看了一下图片下载默认的编号，多达十几位。我想破译这个数字是否代表着什么含义，但是毫无逻辑。我笑着心想，这真比破译莫尔斯密码还难。后来费了很大的气力找到了一张前5位数字一样的图片，而且那个女孩略微有些相像，但是色感不像是一个摄影师拍摄的，这其中会有什么规律性呢？啊，真的很头疼！就这样过去了一天了。第二天，我跟设计师说，图片太难找了，你再试试吧，不行的话，就再设计一下吧，找个类似的图代替就行，我这边还有别的工作要做呢。不久，设计师传来了新的设计方案，但我觉得完全没了之前的感觉，还真不行，问了下同事，大家都认为还是以前那个好，怎么办呢？还得找！

所以，为了赶进度，我又开始找起图来，但是我这回实在想不到什么捷径了，只能采用最笨的方法——一页页翻找，地毯式轰炸！我点开首页，在人物菜单里开始搜索，显示是一共有500页，我就一页页点下去，一页中显示出三四十张图，选中一个点击，进入作者的社区里，显示这组图的其他图片，少则一两张，多则十多张。所以这500多页，每一页40组图，每组图平均按5张算，一共就是10万张图，在10万张图里找一张图，这不是大海捞针是什么？想想腿都发软。这么找我三天什么都不用干了。放心，我没有那么死板。我再一次仔细看了看那个女孩图：穿着白色T恤，很宽松的样式，手拿草帽，短发，皮肤发黄。一定是亚洲女孩。看后背，身材一般，样貌应该是很普通的那种。仔细看完，心里有了一个大概的印象了，就按照这个大概来浏览，找相近的组图，再点击，就这样我利用了一下午的时间，把这500页都找了，但是点到最后，我也没有找到。难道那张图被作者删掉了？不可能呀。

后来我发现，这500页，也只是这个图库网站推荐显示的500页，也就是说这里的图片太多了，网站只能推荐显示了500页。天哪！这还怎么找？所以第三天上班，我有点要放弃了。那天是一年的最后一天，第二天就是元旦新年。所以那天公司的人都在议论假期安排，开始提前庆祝新年了，工作已不是重点；我呢，还在为找这张图而发愁。当时，我在想，今天是今年的最后一天，要是今天我再找不到，就不再找了，让设计师自己找吧，我已经尽力了。本来图片找不到，是设计师的责任，虽然最终用不了这个封面我们编辑也很遗憾，但是也没办法了。

就这样，我在上午忙活完自己的工作，便利用最后的下午时

相信我，只要你笑着面对生活，

你会发现一个新天地，

一个你以前从未见过的天堂。

间，做最后一搏！当中，我曾经试着想从按作者来搜索，但是很快我发现了，这么找难度更大，因为光从作者名字查找，更是无迹可寻。你不知道他是人物图还是景物图，虽说作者的人数要明显少于组图数。

我再回头仔细看了看那个女孩图：这个女孩是东亚人，风格很文艺。那个风格相近，头5位数字一样的图，显示的是日系。这个日系，我不知道是指日本人，还是特指这种文艺清新的风格，但是我感觉这是一个突破口，会缩小搜索范围。我再次点击首页，在人物菜单里找到了下一级的“日系”，点击一下，再次显示了500页。我发现这回里面的图风格跟我最终要找的那张风格很接近了，所以我决定，就在这500页里最后一搏，一页页找完，找不到便认输！

就这样，我一页页点击下来，只要稍微有些接近的图我都会点击开来，这个组图没有找到，我也会继续搜索这个作者的其他相关的组图，所以进展很慢。但是因为是最后一搏，所以我也是蛮拼的，整整一下午，我连口水都没喝。时不时地我也在想，干吗这么拼命呢？找不到也不是世界末日呀，我是不是有些太认真了，没准儿换一个设计方案会更好呢。

不久，公司宣布，今天提前下班，没什么事的，可以收拾东西走人了。看着同事都走了，我也有些着急，看着还剩下几十页，我便加快了速度，大概浏览，凭直觉，点击了几组图，决定这几组里再没有，就下班。点击一组发现没有，我就删掉。很快，就剩下最后一组图了。就在这最后一组图，我发现了一个戴草帽的女孩。我睁大了眼睛、屏住了呼吸。发现这个女孩是正脸，嗯，长相一般，衣服很像，但是照片取的是外景，而我要找的是在室内照的，会是她吗？我点击了进去，从上往下翻找，我的直觉告诉我，很有可能是她！那个草帽太像了！翻到底，最后一张图，天哪，就是那张图！我找到了！我一拳砸在桌子上，大喊了一声，心里简直不敢相信！这难道就是天意吗？如果这个图不是，我就放弃了，彻底认输了。一年的最后一天，正要下班的当口，我最终天遂人愿，找到了那张图！

这，就是老天对我的奖赏吧。这件事也让我明白了，凡事不要放弃，你的努力，老天都看在眼里呢！有些事情不是看到希望才去坚持，而是坚持了才会看到希望。坚持到最后一秒，没准就是一个惊喜。

仰望星空——张杰

老天不会辜负每一个努力的人

我有一个前同事，叫YY，是个文学青年，在大学时就发表过文章，业余时间喜欢写小说，后来工作便理所当然地做起了图书编辑。

YY性格内向，但是人很热情，曾经帮我搬过家，还请我吃饭。同事那两年，我们结下了深厚的友情。

和他相识七八年，我知道他是很有抱负和胆量的一个人。刚认识他时，我便看过他写的小说，那时的他经常跟我讨论一些作家和小说风格，他说他的梦想就是自己的作品能够发表，后来也曾经往出版社投过稿，无奈很多出版社因为担心小说的销量不好而拒绝了。后来，随着对图书编辑制作的逐渐熟悉，他改变了主意，决定不再执着自己的小说的出版，而是干脆自己搞出版。

要知道，他和我一样，都是北漂草根，家境也很一般，根本没有多少钱。他之前也曾问过公司老板，自己出版一本书，成本要投入多少钱，得到的答复是最少要20万元，可是他手里只有5万元。

俗话说，无知者无畏，就是因为他对出版经营一知半解，加上他的执着和胆量，硬是出版了他的第一本书。自己写稿，算是免去了版权费用，5万元勉勉强强支付了5000册的制作费用。这种全力以赴、孤注一掷的气魄，是我深深为之折服的。

结果还不赖，他的第一本书卖得还不错，不久便回了本钱，然后又加印了一些，结果还真挣了一些钱。

靠着第一桶金的战果，他便趁热打铁，取下了营业执照，正式开张，正经八百地开起了公司，出了第二本书。但是第二本书并不理想，投到里面的钱，基本打了水漂。那时，我们联系得很少。我心里也在打鼓，觉得他很有可能就此作罢，知难而退了。事实证明，那时他也确实动摇了，觉得自己做出版，人单力薄，根本就支撑不起来。很多人都在劝他放弃。那时，他还没有结婚，但已有一个女朋友，是一名翻译，两人很恩爱。我想，那时支撑他的梦想的，就是因为有一个理解他、支持他的女朋友吧。

结果沉寂两年后，在他女朋友的资助下，他又出版了第三、第四、第五本书。销量虽然一般，但此时的他已经找到合作发行伙伴，不用再为销售渠道而发愁，因此他又出版了第六本和第七本书。这时，他的出书规模上来了，虽然销量一般，但是资金已经周转起来了，也慢慢摸索到了经验。在出版第八本和第九本书时，因为销量仍然不见起色，他曾动了想继续应聘编辑给人打工的念头，挣点钱之余也再深造一下。可就在这个当口，他的第九本书突然就火起来了，销量直线上升，甚至排到了畅销榜第60名。这本书算是拯救了他，把他之前赔的钱都赚了回来，如今，这本书仍在畅销，估计不久他就会大赚一笔吧，也算是老天对他这五年奋斗的奖赏。

想想他出第二本书的低谷，再想想他如今的成功，作为旁观者的我也不禁感慨万千。在人生找不到出口时，最好的办法就是一直走下去。人生总会有低谷的时候，但是上天都是公正而慷慨的，你的坚持，你的努力，上天都看在眼里，你之前经受了多少委屈和痛苦，将来就会收获多少奖赏和荣耀。

荣耀——王晓天

未来不在别人嘴里，而是在自己心中

现在的社会，人们的生活压力很大，在和别人的竞争和比较中，很容易患得患失，让自己很有挫败感，活得很痛苦。

有人会说，何必在意别人的眼神？自己活得开心就好，承认自己的不完美，退一步海阔天空，就会拥有了另一番心境，也就不会那么痛苦了。

但问题是，当你遭到别人的嘲笑和羞辱时，你的心还会那么淡定吗？因羞辱而产生的丢人的痛苦，会让你的自我顷刻间倒塌，有那么一瞬间，你会觉得自己一无是处，觉得自己活着已经没有了价值。比如，当你因为一次工作失误，老板冲着你发火时，你会是什么感受？当你看着身边的同事因为你受到痛斥而窃窃私语时，你是不是羞愧得想找个地缝钻进去？经过这次打击，你是不是对自己充满怀疑，觉得自己不适合这份工作，从而改变了自己的人生轨迹？而丝毫没有考虑到，你的老板或许那天仅仅是因为别的事而心情不好，而对你乱发了脾气。因为别人的一通指责，而改变自己的人生轨迹，是不是有些得不偿失呢？

世界如此险恶，你应该内心强大，羞愧和丢人虽然让你很痛苦，但让你因此而丢失了自我，从此失去了人生的方向，则会给你带来更大、更难以承受的痛苦。

你的人生最大的命题，就是知道你是谁，你的人生使命是什么，知道自己从哪里来，要到哪里去。有了明确的方向，别人的嘲笑和训斥，就都是浮云了。

人活着就应该明明白白地活着，你的生命有限，但你人生的价值是无限的。找到你自己，并且活出真实的自己，你的人生将会少许多痛苦，你就会为了能成为最优秀的自己，而热情百倍、不遗余力地去生活！

所以，我告诫自己：今后，不去在意别人说什么，是非曲直自有上天和时间来评判；无论如何，都要以自己的节奏生活，走自己的路。未来不在别人嘴里，而是在自己心中。

2011年印记

辛亥革命100周年，想到100年前我们还是封建王朝统治时期，自己会有些不寒而栗。

这一百年变化真的是太大了。

第五章 / 有一种青春叫倔强，有一种青春叫希望

人生只有一种英雄主义，就是当你知道生活的真相后，依然能够热爱生活。

——罗曼·罗兰

此时的我，结婚买房生子，人生已不再迷茫，似乎青春已离我远去，但是我还不想和青春说再见，因为我的梦想还没有实现，因为我想过我想要的生活，人的一生就这么几十年，青春就这么十几年。无梦想，不青春。

梦想不倒，青春不老

过了30岁，我有时会有些战战兢兢，觉得时光如流水，日复一日，自己青春不再，但事业无成。觉得时光是那么无情，丝毫不肯停留。

制约成功的有两大因素，一个是懒惰，一个是恐惧。懒惰是大魔怪，恐惧是小魔怪。比如说，现在流行的拖延症，人们经常把一件事情拖延，因为人们都不愿意克服困难，不愿意去解决问题。内心的懒惰控制了你。就拿我来说，我曾经无数次想在周末做些有意义的事，比如想看看书，想锻炼身体，想写写东西，但是一到周末，我就想，劳累一周了，也该休息一下，放松放松了。所以就不自觉地上起了网，漫步网络，一玩就是好几个小时，赶上长假，还会放纵地玩起了电脑游戏。一个游戏要玩两个小时，玩输了，不甘心，所以就会不停地玩下去，一玩就是一天。就这样，一周又一周地拖延下去，成了惯性。所以说，懒惰，是制约你成功的最大障碍。为何会这样说呢？因为懒惰，是人的本性。

同样，恐惧也是一大障碍。比如，我们每当豪言壮志后，想付诸实施时，却又会找各种借口来拖延时间，迟迟不肯行动。表面上看，是因为懒惰，但内心深处，其实还是因为恐惧。害怕实施起来会面临很多困难，会经受很多挫折，害怕不成功让别人嘲笑。

怎么办？我们要和懒惰恐惧对抗吗？但是战胜它们很难。跟人的本性对抗，最终失败的只能是自己。

其实，学习和成长同玩乐并不是对立的。早在孩童时起，我们就喜好玩乐，因为玩乐不用动脑子，自由自在，所以我们不爱上幼儿园，不爱上学，不爱上班，不爱做家务，就喜欢玩。但是问问这些人，他们都喜欢玩什么呢？有的喜欢泡网，有的喜欢网聊恋爱，有的喜欢打电动，有的喜欢网购，有的喜欢刷朋友圈、微博，等等。但是，如果天天玩这些，不会感到空虚乏味吗？会痛恨自己吗？如果你能回答，是的，那么恭喜你，你还有救。那么接下来再问问你自己，除了之前这些玩乐，你还会自动自发做些什么来排遣生活呢，叩问内心，一个一个筛选，你一定会找到你所为之热爱的东西的。这件事要比玩游戏泡网有技术含量，更有意义，更能挑战自己，更有成就感，而且天天做这些，不会感到空虚。如果你能说出这件事，恭喜你，你找到了你适合干的事，把它和你的未来工作挂上钩，那么这件事，这份工作，就是人生价值实现的平台，我们也可以将它称作是你的梦想。好好把握，你的使命全在于此。

成功的事情不累人，累人的事情不会成功。所以，做自己喜欢做的事，为了梦想而奋斗，才是最有动力的事，取得成功就是时间早晚的问题了。像我这种愚钝的人来说，成功肯定要比别人晚点儿。晚点儿就晚点儿，我不在乎，梦想在，青春在。

海阔天空——BEYOND

信仰的力量

人有灵魂吗？人为何会做梦？为何会经常遇见似曾相识的场面？为何会有超水平发挥的时候？为何有很多超自然现象用科学解释不了？

这些问题，我想每个人的心中都会有这些疑问。我们人类往往热衷于探索外在未知的世界，而往往对我们自己的了解知之甚少。我们到底是谁，从哪里来，到哪里去？这些问题，从我30岁以后，时时萦绕在我的心头。

我本不是一个信佛的人，一直以来都是抱着无神论的思想。当然，这也和小时候受的教育有关。但后来因为在生活中遇到些挫折，所以便逐渐养成求神拜佛的习惯，以求顺利平安。从2010年开始，我每年都有去西山八大处拜佛的习惯，开始只是磕个头，后来变成烧高香，三叩九拜。记得2010年，我在前一家公司的时候，因为公司效益不好，所以我对自己未来的职业发展忧心忡忡，那时甚至觉得对图书行业的未来产生了怀疑，觉得在这个行业干下去只会耽误自己。在深秋的时候，我便去了八大处灵光寺，那时，灵光寺正在翻修，巨大崭新的舍利塔蔚为壮观。我走了进去，脱了鞋，在塔下的佛祖前磕了三个头，还捐了一些钱。然后绕塔走了三圈。结果一个多月后，我便接到了面试的通知，最后来到了同样跟佛学有渊源的一家图书公司，做心灵类的图书。由此，我便养成了拜佛的习惯，比如我和女友感情的顺利，结婚的顺利，婚后买房的顺利以及求子的顺利，等等，都一一得到应验，可谓心想事成。当然，我在这里并不是宣扬佛法的神奇，我只是想表达其实我们每个人都应该有一些信仰，你可以不信佛，但你必须要相信自己。我在拜佛的时候，也是在给我自己打气，让自己坚定意志，将来的生活无法预测，但我必须有坚定的信念，那就是一定要幸福，一定要努力，遇到再大的困难也不要放弃、妥协，苦难一切都会过去。

事实也是如此，表面看来，我这几年运气虽说比较好，但这些好的结果当中的过程却是十分曲折的。比如，来到这家图书公司后，有段时间不被老板重视，所以每天的压力也很大，再加上那一阵公司做的书比较多，都要赶进度，以至于我夜里都要加班，最终夜里经常失眠。我女友看不下去了，也经常劝我，如果压力大，干脆就辞职吧，何必让自己每天这么不开心呢？我知道这是我女友善意的安慰，但我怎会真的辞职呢？那时候我和女友都谈婚论嫁了，所以我十分惧怕在这个节骨眼儿丢工作。工作就是男人的脸面。没有工作的男人，怎么在女友、老婆面前抬起头呢？在我的坚持下，果然，结婚后，慢慢又受到老板的重视了。

还有我老婆怀孕，这本来是好事，但怀孕后，老婆从一个半月的缺乏黄体酮的先兆流产，到两个月时的大吐狂吐，以至于吃什么马上就吐什么，最后去医院打了三天吊针。好不容易孕吐稍有缓解了，老婆怀孕五个月的时候又发现疑似得了丙肝，这将意味着孩子将来也有得丙肝的危险。后来我们跑到专科医院检查了一下，才确诊丙肝是阴性的，根本不用担心传染。我和老婆才算长吁一口气。可谁知这口气还没吐完，老婆又被诊断得了龋齿，一颗牙齿已经有了龋齿洞，疼起来一宿也睡不着觉。我害怕疼痛会引起胎动，便带着老婆去了口腔医院打算把牙补上。谁知大夫根本不给治，说孕妇不能拍片子打麻药，如果真动了手术，对胎儿有什么影响，医院是不负责任的。后来我又熬夜起早排队去人民医院挂号，结果那里的医生也是不给治。怎么办，难道就硬挺着吗，可一旦龋齿继续发展成大面积，那不得疼死！动了胎气怎么办？再说牙一疼，什么东西都吃不下，营养保证不了，老婆和孩子不都完蛋啦。那时的我，是吃不好也睡不好，心里焦急万分。最后没办法，便和老婆去了中国最好的医院——协和医院挂了号，好在那里的大夫终于同意给治了。听说他们用的麻药都是无副作用，孕妇可以放心使用的。看到老婆成功地把牙补好，不再疼了时，我的心才终于落地。

看看吧，这段经历不是每个孕妇和家属都经历过的，生活当中苦难无处不在。好在最后我们都能逢凶化吉，这不能不说，我们的运气好，或者说，我们对未来生活的坚定信念和积极的追求感动了上天。

You Raise Me Up——西城男孩

只要有一颗追梦的心，老男孩也会有春天

我的爱好中，足球是个绕不开的话题，有时我也在自问，为何我会喜欢足球呢？从小体育就不好，足球只是简单踢上几脚，根本踢不了场。但是对于我这种业余球迷来说，足球确实是我生活不可分割的一部分，因为足球除了带给人美的享受之外，更重要的是它还是一部人生励志大戏。

放眼欧洲五大联赛，相比较而言，我比较喜欢英超，那里的比赛节奏很快，拼抢很激烈，球员们像打了鸡血一样满场飞奔。2012年的欧冠赛，英超球队切尔西队给我留下了极为深刻的印象，因为他们的故事深深鼓舞了我。

切尔西那一年流年不利，联赛踢得一塌糊涂，早早失去了夺冠的机会，在欧冠赛场上也是磕磕绊绊，八分之一决赛首回合1:3客场不敌那不勒斯队，主教练博阿斯被炒了鱿鱼。以那时的状态而言，人们都会认为切尔西晋级下一轮毫无希望。但是在切尔西的主场和那不勒斯次回合的较量中，切尔西完全像变了一支球队，全场踢得充满韧劲，开场不久就连下两城，显示了极强的翻盘欲望，最后3:1取胜，总比分4:4平，并在加时赛凭借伊万诺

维奇的一记绝杀，昂首进入四分之一决赛。那场比赛，切尔西踢得很坚决，三军用命，和以前判若两队。这是为什么呢？原来，之前的主教练博阿斯偏爱技术和速度型球员，喜欢全攻全守的打法，但是切尔西的球员普遍年龄偏大，体能根本达不了要求，就这样，很多主力老球员就只能打替补。后来上位的主教练迪马特奥，改变了以前的打法，重用老球员，控制住了局面。那时，特里32岁，兰帕德34岁，德罗巴34岁，对于这些顶梁柱球员来说，夺得欧冠冠军的机会屈指可数了，尤其对兰帕德和德罗巴来说，甚至可以说是最后一次了。他们在一起踢球七八年，最终极的理想就是能够一起登上欧洲之巅。他们曾经在联赛大杀四方，得了很多冠军，唯独缺少一个欧冠冠军。这个冠军很多巨星穷极一生都没有得到过，所以这个梦想对他们来说是极其渴望的，如今在这很有可能是最后一次的机会里，他们为了这个同一个梦想，真的是拼尽了所有。

果然，他们在四分之一决赛毫无悬念地淘汰了实力弱于他们的本菲卡队。但半决赛的对手是他们的老冤家、号称如日中天的“宇宙球队”——巴塞罗那队。这支球队在之前的三年内两夺欧冠冠军。队内拥有世界足球先生梅西，世界最佳中场哈维和伊涅斯塔，世界最佳教练瓜迪奥拉。反观切尔西队，最有名的球员就是兰帕德和德罗巴、特里，他们早已过了巅峰期，主教练是新上任的迪马特奥，很年轻，名不见经传，是临时救火的角色。所以赛前人们都十分不看好切尔西。但是这里不得不说的是，就是这个巴塞罗那，在三年前，同样是在半决赛和切尔西较量过，那时的切尔西队员还很年轻，实力明显强于现在，他们在两个回合里踢成了一比一平，巴塞罗那凭借客场进球多而惊险晋级。凡是看过那场比赛的人都会为切尔西惋惜，因为切尔西全场的机会明显多于巴塞罗那，巴塞罗那有几次犯规裁判都没有判罚，切尔西输得有些冤。当家球星德罗巴赛后十分激动，满脸的不服气，他认为他们是输给了裁判，是裁判偷走了他们的冠军。果然，巴塞罗那最终在决赛中轻松赢了曼联，夺得了那一年的冠军，从此开创了令欧洲各大豪门为之战栗的巴萨王朝。

如今，老冤家再次聚首，对切尔西来说，这是一次复仇之战。但是廉颇老矣，尚能饭否？在首回合切尔西的主场比赛里，场面很是胶着，切尔西场面很被动，也可以说他们很清楚自己实力不如对手，所以有意地回收防线，力保大门不失。这次他们很走运，最终凭借德罗巴的一次反击，1:0力克巴塞罗那！人们会说，这场球切尔西赢得有些侥幸，全场就那么一次机会居然就把握住了。但是切尔西这三个老男孩为了梦想而玩命时，我发现，这种运气，可能就是上帝对这些有梦想的人的一种嘉奖吧。

第二回合，巴塞罗那诺坎普体育场，切尔西手握一球的优势来打客场，但赛前预测，媒体仍然认为巴塞罗那会晋级，甚至有媒体预言这场比赛巴萨会屠杀切尔西，因为切尔西已经是强弩之末，那些老队员，老迈缓慢的身体，是抵抗不了巴萨那身体灵巧技艺精湛的水银泻地的精准配合的。果然，开赛不久，巴萨就进了一个球，总比分扳成一比一。更不幸的是，此后不久，后防中坚特里防守梅西时犯规被红牌罚下！场上10人打11人，甚至是10人打14人，因为裁判难免会偏向主队的。多一人的巴萨，气势大盛，果然不久又进了一个球，总比分2:1超出！当时的场面，我想每个切尔西球迷都要崩溃了！让人不得不相信，赛前预测切尔西将被屠杀会成为事实。但是，就在人们将要绝望之时，上半场结束前，拉米雷斯一个反越位，杀入禁区，一脚低射，幸运地将总比分扳成2:2平了！这是切尔西上半场仅有的一次机会，竟然神奇地把握住了。看来真的是老天有眼，幸运女神再次站在切尔西一边！如果以这样的比分结束，切尔西就会凭借客场进球数多而淘汰巴塞罗那！可是比分虽然扳平了，但还有下半场的45分钟，而且切尔西少一人，他们下半场能守得住吗？

果然，下半场一开始，巴塞罗那球员疯了一样地狂攻切尔西球门，一时间，切尔西门前风声鹤唳，守门员切赫高接低挡，十分忙乱。眼看切尔西就要顶不住了！不久，巴塞罗那获得了一个点球，但是梅西却没有罚进！正所谓大难不死，必有后福，随着时间一分一秒地流逝，巴塞罗那的球员有些慌了，如果他们再不进球的话，被淘汰的就是他们，和2009年一样，只不过这回是切尔西将以客场进球数多而惊险晋级。为了保住不失球，切尔西完全放弃了中场，10个人里有9个人完全龟缩在禁区前，由于禁区前腿太多，巴萨球员连传球都传不进去，门前密不透风，球员憋闷到极致！终场前几分钟，切尔西一脚长传，找给前锋托雷斯，托雷斯反越位成功，杀入巴萨禁区，这时巴萨球员还都在切尔西的半场没来得及回防，托雷斯闲庭信步地把球打入，皮球从守门员两腿之间慢悠悠地滚进球门，巴塞罗那的球员欲哭无泪，目送切尔西进入决赛！看到这里，谁能不感动！？切尔西的队员们向世人们证明了只要有梦，哪怕有些不切实际，但是只要去拼，只要坚持，奇迹就会发生！

老天有眼啊！看来上帝是公平的，人在做，天在看，2009年切尔西的冤屈，在2012年得到了昭雪。决赛对手拜仁，能赢吗？没有不可能！

切尔西打进决赛，叫人大跌眼镜，而另一边德国的拜仁慕尼黑队打进决赛则是顺理成章！他们有着全欧洲最为恐怖的攻击线，在之前的比赛曾经打出过8:0的恐怖比分。德国人向来以性格坚韧、理性冷酷著称！而且这次决赛又是在德国的柏林竞技场进行，相当于是拜仁打主场，天时、地利、人和都站在拜仁这一边。所以赛前，媒体仍然是一边倒地看好拜仁夺冠，人们实在想不出切尔西能夺冠的有利因数。什么？运气？切尔西不能总是运气这么好吧？再说，切尔西这一边，特里因打巴萨吃了红牌，因而决赛不能上场；而另一个后防大将伊万诺维奇因为有伤，也不

一年365天，

我睡眠最好的一次，

就是回老家睡的第一夜。

能上场，也就是说切尔西的后防，有经验的球员都上不了。踢欧冠决赛，一直以防守顽强著称的切尔西会有几成把握呢？所以这种种不利局面，赛前媒体之所以不看好切尔西，也是十分合理的。

在决赛球员进场时，我想切尔西的球迷，一定会浑身直打哆嗦，因为他们从来没想到切尔西能进入决赛，他们做梦都想拿到这个冠军，如今这个冠军近在咫尺了。但令人悲哀的是，这近在咫尺的冠军，又仿佛远在天边，因为他们的实力远远不如拜仁队，因为他们的防线今天只剩下半壁江山，因为他们的对手是以心理意志坚韧著称的德国球队，因为这里是德国柏林，八万德国球迷山呼海啸让人恐怖，因为拜仁球员今天穿的是主队的红色球衣，那红色就像鸡血一样红……怎么形容这种感觉呢，就好比电影《第101次求婚》里的那个草根黄渤，向林志玲表白一样，所有人都认为他们是不可能的，就算是童话故事，也是不合逻辑的。

那时，我感觉就是，唉，切尔西能进决赛就已经是奇迹了，只要尽力就没有遗憾，死在拜仁手里也算是一种荣耀。

但！我想切尔西这帮老男孩们，此时此刻想的和他们的球迷、电视机前的我，是完全不一样的！他们的梦想，在今天就要实现！他们的一生最后的决赛，就在今天上演！他们就算死在球场上也要试一把，也要争一争，他们怎么会有时间妄自菲薄呢，怎能会安于现状呢？！不！亚军绝不是荣耀，2008年他们就已得过亚军，他们要的是冠军，是这个大耳朵杯！这是他们拼尽所有，也要达到的终极梦想！欧洲封王就在今日！此时不搏，更待何时？

他们能夺冠吗？

比赛开始了，拜仁的队员们开场就打出了气势，在现场八万多球迷的山呼海啸般的助威声中，拜仁的攻势如潮水一般，一浪高过一浪！切尔西的球迷惊吓得都快窒息了。体内的悲观小人儿这时会跳出来说，唉，就看这场面，只要不被屠杀，就算好运了，还是少输当赢吧。

……比赛踢了前80分钟，切尔西一直是被动挨打的地位，切尔西的球迷们看得特别虐心，虽然偶尔也有几次反击的机会，但是一直没有太好的得分机会。从场面来看，拜仁球员的心理素质确实要好于巴萨，他们坚信自己早晚会进球的，仍然很从容地寻找机会，一次又一次地将皮球传入切尔西的禁区。果然，比赛进行到81分钟，拜仁进球了！托马斯·穆勒，一个典型的德国球员，将球顶进切尔西的大门，由于皮球距离球门太近，连全场表现极为出色的门将切赫也只能望球兴叹了。只剩下10分钟了，德国球队就是这么残忍，剩下的时间不多了，全场被动的切尔西，是没有时间扳平了，毕竟这不是打篮球啊。

看过德甲联赛的人都知道，德甲是一个很有悬念的联赛，不是说争夺冠军很激烈，恰恰相反，由于拜仁的实力在德甲鹤立鸡群，德甲冠军成了欧洲最没有悬念的冠军。德甲联赛最精彩的地方在于，很多球队往往在最后几分钟还能够进球，所以上演了很多绝杀的好戏。拜仁也不例外，经常在比赛进行到八十几分钟，甚至是伤停补时时打入绝杀进球。一枪毙命。在国家队层面，德国队就曾数次绝杀过英格兰队，就算120分钟双方打平，德国队也能轻松地在点球大战中取胜，以至于英格兰名宿莱因克尔绝望地说过："所谓足球，就是22个人在场上奔跑90分钟，最后由德国队最终获胜的运动。"

1996年欧锦赛，就是一个非常好的例子。那届欧锦赛是在英格兰举办的，英格兰作为东道主，小组赛和四分之一决赛都是势如破竹，砍瓜切菜般地进入了半决赛。那届英格兰队聚集了加斯科因、阿兰·希勒、麦克马纳曼、保罗·因斯、加里·内维尔、大卫·希曼、亚当斯等众多大牌球星，时至今日，我们也会认为那是英格兰近二十年最有才华的一支队伍。相反德国队，由于1990年世界杯那届功勋球员都纷纷退役，正在进行着新老交替，1994年世界杯踢得并不好，被黑马保加利亚队踢出四强，而这届欧洲杯小组赛踢得也是磕磕绊绊，主力射手克林斯曼受伤，和英格兰比赛前更是有多名主力无法上场，所以赛前人们都相信英格兰会毫无悬念地趟过德国人的防线，挺进决赛的。比赛进程也确实如英格兰人所预料，开场5分钟，就由希勒打进一球。但就是这个半死不死的德国队，在临近90分钟时打进扳平的一球，并且在点球大战再次取胜！听说，当时因为红黄牌和伤病，德国队队员适合罚点球的球员都差点凑不齐。看看，这就是德国队，在这样恶劣的情况下，他们硬是打败了不可一世的英格兰队，使英格兰队饮恨温布利。索斯盖特罚丢点球时低头懊恼的背景多么像1994年世界杯意大利的巴乔啊，他们都是败在了点球上，败给了对手的铁血意志。果然，那届欧洲杯让德国人拿到了。

回头再来看看拜仁，时间表记录的是81分钟，比分1:0，还剩下10分钟，他们就将会拿到欧洲冠军。他们已经有十一年没有捧杯了，所以他们对这个冠军同样是渴望已久。以他们的脾性，这个冠军应该是妥妥的了。但是不要忘了，拜仁今天面对的对手是切尔西，他们在英格兰素以铁血而著称，他们同样也有坚韧不拔的意志。这帮老男孩们就要谢幕了，留给他们的时间只有10分钟了，这辈子难道就这样了吗？这十分钟难道就不能干点什么了吗？时间一分一分的流逝，比赛进行到88分钟，算上伤停补时也就只有5分钟了，场上有的拜仁球迷已开始提前庆祝了，因为这个场面，这个局势，切尔西人不可能扳回来了。拜仁队已经有意识地回收防线，扎紧栅栏，让皮球多在天上飞一会儿，消耗剩余的时间。但是，切尔西人，切尔西的老男孩们还没有放弃，他们倾尽全力地进攻。时间定格在88分钟，切尔西获得了一个角球的机会，由马塔主罚，找前点，拜仁的球员奋力争顶，突然一道黑影从眼前闪过，砰的一下，皮球狠狠地砸进了球门里。拜仁守门员和后卫们晃了一下神——切尔西将比分扳平了！进球者就是那个黑大个子，德罗巴！这个34岁的老男孩，为了这最后的梦想，奋力一顶，将皮球砸进了拜仁的大门！切尔西的球员沸腾了！切尔西的球迷沸腾了！我也是目瞪口呆，紧接着是一声咆哮！真的是老天不绝切尔西啊，难道上帝是切尔西球迷?

90分钟双方1:1战平，进入加时赛。这时双方的体能都已经消耗殆尽了，打了一个赛季的比赛，球员们都已经身心俱疲。对拜仁的球员来说，本来是90分钟可以解决战斗的，他们怎么也没想到，最后时刻让切尔西顶进了一球。本来一只手已经碰到了奖杯，现在又回到了同一起跑线上，心中无限的懊恼和丧气。而对切尔西队来说，神话、童话全都不可思议地成为现实。历史即将改写，拜仁也不过如此，他们坚信冠军已在掌控之中！

不过，场上风云突变，切尔西后防缺兵少将，给了拜仁可乘之机，拜仁的罗本突入禁区被切尔西的后卫绊倒，裁判判罚了点球！点球，意味着一旦罚进，大耳朵杯基本上就是拜仁的了，因为当时的加时赛已经接近了尾声。切尔西再次被拉到了死亡的边缘！但是，鬼使神差，点球罗本居然没有罚进！切赫神勇地扑了出来！拜仁最后的机会就这么错过了，这难道是什么信号吗?

比赛进入了残酷的点球大战！这个是德国人的优势！他们有

信心！果然，第一轮，拜仁的球员拉姆稳当地把球罚进！切尔西的球员马塔则把点球罚丢了，开局不利！紧接着是第二轮，切尔西和拜仁球员都把点球罚进，切尔西的球员大卫·路易斯罚进去之后长吁了一口气，他可能想着都有些后怕，一旦再罚不进，后面的切尔西球员肯定就会放弃比赛了。第三轮，拜仁的罚球员居然是门将诺伊尔，而且很轻松地将球罚进，这是在向切尔西门将切赫施压吗？在那一时刻，切尔西的球迷们都要绝望窒息了，他们的球队再一次被推倒了悬崖边，如果这样下去，切尔西必败无疑，除非拜仁自己犯错误！切尔西就像一只手抓着峭壁，全身悬在悬崖上空有气无力的人，拜仁就像站在悬崖边的大力士，用脚狠踹那只有气无力的人的手，手在一点点向悬崖滑落，这部大剧即将落幕了，结局就是这么悲情吗？

然而，铁血老队长兰帕德，一脚怒射，直轰球门正上角，向拜仁坚决说了“不！”这一脚怒射震慑了拜仁球员，也为切尔西门将提升了士气，只要没死，就还有机会！第四轮，拜仁球员有些胆怯了，在门前犹豫了很久，果然射出的点球居然被切赫扑出来了！细心的球迷会发现，切赫每次扑救都判断对了方向，这一次他更坚决些，提前做出了动作，所以干净利落地把球扑了出去。这一次心理战，让拜仁的球员崩溃了，是的，连号称意志坚韧的德国球队居然也有崩溃的时候！接下来，最后一轮，第五轮！双方再次站在同一起跑线！拜仁主罚的球员是斯奎因施泰格，德国国家队副队长，应该是心理素质强悍的球员，但是他在罚球跑动时停顿了一下，一时没有决定踢向哪边，他想看看门将的反应，但是切赫并没有做动作。电光火石间，斯奎因施泰格完全崩溃了，草草地将球推了出去，但是球仍然很刁钻，直奔右下角，切赫奋力一扑，指尖碰到了皮球，皮球打在了立柱上弹了出去！扑出来了！天哪！简直不敢相信！这个德国人不相信自己的眼睛，不相信眼前的这一切，他用球衣把自己的脸遮住了，过了几秒，他才回过神来，一股悲伤和懊恼涌上心头，他明白了自己的球队已经失去掌控力了——接下来只要切尔西球员将球罚进，比赛就结束了，冠军就是他们的了！

最后出场的切尔西球员是德罗巴！恰恰就是这个德罗巴！三年前在斯坦福桥球场被巴萨淘汰后，德罗巴就一直憋着一口气，发誓一定要得到冠军！这三年来，随着岁月无情的流逝，自己已经过了巅峰期，球队今年实力下滑，这已是他最后的机会了！然而老天有眼，今天能让他再次拥有夺冠的机会！这简直是一场梦！梦寐以求的冠军就在眼前了，德罗巴没有犹豫，眼神比任何时候都要坚定，充满了杀气，这一刻他化为了魔兽！而拜仁门将诺伊尔看似轻松，实际上他的心里已是一片空白了。德罗巴很明白将球罚进意味着什么，所以他不去多想，很坚定地将球射了出去，甚至没有助跑！这种坚定，把拜仁门将诺伊尔吓坏了，那一刻，他已经缴械投降了，他还在纠结扑向哪边时，皮球已经飞了过来，纠结中他没能做出扑救，瘫坐在地！

德罗巴将球稳稳地罚进！伟大的时刻来临了！切尔西最终圆梦！切尔西的老男孩们终于得偿夙愿，捧得了欧洲冠军杯！

德罗巴几乎是带着哭腔跑向了切赫，此时此刻，全世界每个角落守候在电视机前的球迷们，不管他是不是切尔西的球迷，不管他是怎样的铁石心肠，我想，都会留下这激动、感叹、喜悦的泪水吧！这是一部励志而感人的人生大戏！在这一刻，这部大戏已远远超出了足球的范畴！它让全世界为之震撼和动容！它昭示世人：无论何时何地，无论希望多么渺茫，都不要放弃！因为只要你永葆一颗追梦的心，所有的人都会为你让路！包括上帝！

老男孩——筷子兄弟

梦想，是恐惧开出的花

其实我们心中都是有梦想的，之所以有很多人不愿意说出来，是因为我们习惯了用恐惧包裹自己的梦想，以为梦想就是难以实现的梦，说出来也只能是个笑话。但事实果真如此吗？我决定，从现在开始，每天做一些自己害怕的事，然后一层层地剥开恐惧，我坚信梦想就会开出花来。

我是一个天生性格内向的人，所以对于恐惧有深刻的体会。

当然，我并不是说性格外向就没有恐惧了。而是外向的人，在我眼里真的是很洒脱，他们对很多事物都很自然大方，丝毫看不到局促和犹豫。

对于我这个从小就很内向的人来说，生活的苦恼有很大一部分就在于我对于自己性格的厌恶。比如，在我大学暑期找的第一份工作，就是做一名推销员。与其说那份工作是想了解一下社会是什么样子，倒不如说是针对我的怯生的性格，给自己扳一扳。

那时的我，学习生活基本是两点一线，对外面的世界、外面的人很少了解。所以说我的这份工作，对我的挑战极大。

上班的第一天，就是跟着老业务员跑市场，推销介绍公司的产品。那时的我，和熟人说话都很害羞，在班里我是那个最不爱说话的学生，在台前发言，大脑一片空白，小脸憋得通红，说话结结巴巴。可想而知，这份工作对我是多么的不适应。

经过两天跟老业务员的学习，第三天，我便开始能够独立完成我的工作了。当我拎着货包，深吸一口气，走向我的第一个客户时，紧张得说不出话，不知道怎么开口介绍自己，也不知道接下来该说些什么，好在我的师父就在我的身边，帮衬了我一下，算是勉强完成了我的第一次跟客户的产品介绍。但是事后我脸红心跳得厉害，说什么也不敢进行下一个客户的产品介绍了。我发现这是一个不可能完成的任务。一想到以后的工作，就是无数次跟陌生人沟通，我就头皮发紧，我想到了放弃，不想干了。但是我又觉得我这么做，太对不起师父，她在我身边一直在为我打气，她还称赞我说我刚才的表现非常棒，她说她很少见到，跟第一个客户交流就能这么勇敢地走向前，没有半分的躲闪和犹豫。

师父对我这么肯定，我又有什么理由退缩呢；她这么信任我，对我这么费心，我不能辜负她的期望，不能给她丢脸。就这样，我硬着头皮，就这么见了第二个客户，第三个，第四个……

一天工作下来，我发现我的脸皮突然厚了一些。跟陌生人说话不再有障碍，也不再结结巴巴，而且我也发现，我的客户也不是总拒绝排斥我，有的甚至会给我倒水递茶，跟我闲聊。我感觉到了人与人交流的巨大乐趣。别人的肯定，让我收获了久违的自信。

在这里，我工作了一个多月。神奇的是，我这一个月的销售总业绩居然位列公司前三名，其中第三周我甚至摘得了公司的销售冠军。我能取得这么好的成绩，是我万万没有想到的。记得在我摘得冠军的那一周，因为前三天连续超额完成目标，在第四天的那一天我都是自信满满，和客户打招呼时不知哪里来的力量，使我和客户交谈时充满了自信和爽朗，完全没有了以前怯懦的样子，像变了一个人似的。我的客户也被我的气场所感染，或者说是被我的魅力所征服，纷纷购买我的产品，不知不觉，当天我居然完成了两天的销售目标。

多年以后，我在畅销书《秘密》里，才完全理解了这一点，就是这种浑身散发着坚定和自信时，你的这种状态（能量）也会无形地影响着他人，这种影响周围的人的力量，会让你的愿望得以实现。这一次，我终于尝到了自信开朗的好处。我发现这种状态真的是妙不可言。那时的我，说话都是大声地说出来，快速、有力、干脆。

如今，我早已不再从事销售工作，我又重回到了腼腆内向的性格。但是那曾经一个多月的蜕变也说明了，人的性格其实是可以改变的。只是不知道，如果当时这份工做我一直坚持下来会怎样，我的这种变化是否会永久地改变呢？

不管怎样，这件事让我知道了，勇敢地迈出第一步，接下来所面对的，真的没有想象的那么难，有时甚至是分外的爽！

我的未来不是梦——张雨生

人生的意义

人，来这一世，匆匆走一遭，意义何在呢？为了什么呢？吃喝玩乐，享受快活？这就是意义吗？

人的生命很渺小，在浩瀚的宇宙看来，人的生命实在是微不足道；对有着100多亿年历史的宇宙来说，一个人一生的八九十年，只是一眨眼的一瞬。宇宙老人一眨眼，根本就没看见你，因为你的存在实在太短暂了。

这么看来，你我的存在好像就是一个悲剧，既然都看不见我们，那我们来这世上走一遭岂不是毫无意义？既然无意义，那就干脆尽情享受吧，这样就算死了，也就算够本了。但是，这么想是不是有些太悲哀了？不光宇宙老人看不起自己，连我自己也觉得看不起自己了。

我要说，人这一辈子虽然短暂，但绝对不是没有意义的，人在这短暂的时间里，还是大有可为的，只要好好利用这点时间，你就能让宇宙老人认识你，甚至能在宇宙浩瀚的时光里留下辉煌灿烂的一笔。这，就是做你自己喜欢的、擅长的事，坚持下去，不放弃，用心去做，你就能永载史册。这是你的使命，你活着，你来到这个世界的全部意义！

难道不是吗？如果迈克尔·乔丹不打篮球，他只能是个二流的高尔夫球手；如果马拉多纳不踢足球，他就是一个普通人；如果摩西奶奶不选择画画，她就是一个家庭主妇，离开她的小村庄，没人认识她……

找到自己的天赋，开发自己的天赋，使之成为自己终生奋斗的事业，这就是你的人生使命，你的人生意义。甚至你的爱情、你的婚姻，也是为这个服务的，当然，爱是最大的推动力。你找爱人，标准是什么？不是长得漂亮，家里有钱，有房有车，有个好工作，而是他（她）能否促使你能够成为最好的自己，发挥你的天赋，这就要求双方能有共同的爱好，共同的三观，能够彼此促进。同样，你养育孩子，目的也是让他找到自己，按照自己的天性来生活，选择适合他的路，放手让他独立。

看看，这就是人生的全部意义，很简单，但也不容易。

2012年印记

传说中的世界末日就在这一年，但是那一天那一刻，我在公司的车里吃着橘子，在安稳中度过。有一股笑看人生的淡定从容。

还有，这一年，我结婚了。人生又向前迈进了一步。不容易。

人生中最美好的七年

最近有科学家研究过，说一个人每七年，体内的细胞就会全部更换一次，来一次新陈代谢。这也就是说，每过七年，人就会变成另一个人，或者说人就会有新的改变、新的生活（好像婚姻中的“七年之痒”就是这么来的）。那么对照一下自己，就会发现，我确实每七年会有新的变化。

我在1—7岁时，也就是我的学前期、儿童时期，这段时间无忧无虑，快乐无比，没什么可说的。从8—14岁，这七年是我的小学时期，家里生活条件相对宽裕，学习成绩也很好，大体上也是快乐的。这段时期，发现了自己对地理和历史十分感兴趣，看了很多相关的书。而15—21岁，这段时期，在国企工作的父亲下岗，家里生活水平直线下降，父母经常吵架，因此我的学习成绩也在下降，对未来充满了迷茫，所以这7年是苦闷的，充满着痛苦，也同时酝酿着改变。22—28岁，是我毕业渴望离家出走和来北京的这几年，这几年正式工作了，当中吃了很多的苦，但渐渐找到了未来的方向，这段时间是青春最好的年代，充满着浪漫气息。而从29岁至今，我恋爱、结婚、买房、生子，慢慢走向稳定，也算勉强“而立”。但这种而立只是初步的，只是成家，那么接下来很显然就是“立业”，所以未来的两年多，我的计划就是要为成立自己的公司而打拼了。因此，我憧憬在35—42岁时，能拥有自己的公司，迎来我事业上的黄金时期。

回顾我的人生，我一共度过了5个阶段的7年。第一阶段的七年，现在回忆起来有些模糊了，只是知道每天就是吃和玩，留下的基本都是美好的片段，算得上是个快乐的童年。第二阶段的7年，自己由孩童渐渐步入少年，记得很清晰，那时觉得自己很爱看书，喜欢地理，喜欢历史，喜欢军事，痴迷战争题材的电影。第三阶段，逐渐成年了，但还很不成熟，每天爱幻想，感性大于理性。家人之间的种种矛盾，深深影响了我的学校生活，甚至是我的性格。那时学习成绩下滑得厉害，成绩只排在班里中等偏后，觉得自己没有了未来。15岁时，迷上了足球，每周日的甲A联赛就成了我的精神寄托，狂热得失去了理智，以至于耽误了学习，有点破罐子破摔了。上高中后，觉得自己已经没有退路了，便知耻后勇，好歹考入了专科学校，大学期间又报考了自考本科。但这个年龄段的我注定是迷茫的。从学校大门出来，对社会一无所知，找工作屡屡碰壁，让我对自己的专业充满了怀疑。对未来再次悲观起来。和家里关系的不和，找工作的不顺，对自己认识的不解，对未来的不定，是我这七年的主题。紧接着便是不顾一切，冲出樊笼，带着一种愤怒的情绪，我来到了人生的第四时期，这时，我在大学里苦闷离世。摆在面前，只能是勇敢地向前冲！毕业后，我像一只愤怒的狮子，咆哮着冲断阻拦，奔向了北京！但在第四时期，我的骨子里还是充满着幻想、率直和天真，让我在职场和感情生活中受了很多的伤。经过几年的摸爬滚打后，才慢慢地走入正轨。找到了自己真正适合的工作，找到了自己适合的人。虽然有很多曲折，但这个阶段还是让我十分珍视的，因为这个时期涵盖了我的大好年华，是最青色的青春，是最浪漫的年华，是最励志的故事。无论过了多少年，回过头想想这段时期，都会让我热泪盈眶。

如今，我成熟了，理性了，凡事也有规划了，这也意味着浪漫的青春已经离我远去，我正经历着人生的第五时期——“梦想在，青春在”的时期。希望接下来的几年，好好打拼，在不远的第六时期，能修得正果。

Better Man——罗比·威廉姆斯

那些你想说，但没有说出来的话

这个世界上有一种情谊叫老同学。是的，在青春单纯懵懂的年纪，同窗共读好几年，彼此间建立的友谊一定是牢不可破的。

从小学开始，到大学毕业，我们有十多年时间都是在和同学相处中度过的，这里面一定会有几个十分要好、无话不谈的铁哥们儿、好闺蜜。打开我的记忆阀门，我依稀还能记起很多铁哥们儿的名字和模样。那些年，我们一起打闹，一起去爬山，一起去钓鱼，一起建立学习小组攻读功课。但是那段青葱岁月，太过久远，如今的回忆，也只剩下一些零星片段，当年的铁哥们儿如今也大都天各一方，彼此中断了联系。

青春校园生活不仅是美好的，同样也有遗憾，我的遗憾就是其中的两个同学，一个是我在初中时的铁哥们儿，因为误解而与他决裂，事后后悔不已；一个是高中时的一个女孩，自己很喜欢她，认定她就是自己的百分百女孩，但是那时的我十分自卑自闭，在班里十分不起眼；而她既漂亮学习又很好，性格也很开朗，朋友很多，在班里人气很高，所以一直没有勇气向她表白，只能把这份爱一直深深埋在心底。如今，十几年过去了，我和这两个同学，早已断了联系，天各一方，也不知他们现在过得怎样，不知道那个男同学是否会原谅我当时的一时冲动，是否还能认我这个朋友；也不知道那个女同学现在是否已经结婚生子，是否还记得我这个一直暗恋她的同学。

时光无情，岁月的沧桑，已爬满了我们的脸，这十几年，我见了很多人，遇到过很多事，但在经历喧闹浮华之后，静静地一个人独处回忆我的学生时代时，我发现在我心中时时环绕、挥之不去的就是这两个同学，我依然渴望着有那么一天，我们还会再见面，说出我憋在内心里的话，但是我很清楚，这种可能很渺茫了，很多事，一旦错过了，就是永久的遗憾。

亲爱的老同学，你们还好吗？我多么希望我们有那么一天还能再见面，哪怕是在天国。

人生中每一次的离别，

都是为了将来的一天更盛大的重逢。

老男人看动画片看的不是情节，而是情怀

说起动画片《圣斗士星矢》，相信每个“80后”都不会陌生，这部陪伴我童年的经典动漫，给我留下了太多的印记。星矢、紫龙、冰河、瞬、一辉等个性鲜明的人物形象，至今仍然历历在目。甚至可以说，它是我童年所有的动画片当中最为喜爱的、最为珍藏的记忆。对我来说，看所有的励志书，都不如看《圣斗士》。

《圣斗士》这部动漫开始是从漫画本开始流传的。记得那时我还在念小学，每天下了课，同学们也不去玩闹，都争着抢着借《圣斗士》漫画，互相传看。不久后，动画片上映，更是反响热烈，万人空巷。从青铜五小强，到黄金十二宫，再到攻打神斗士，到最后攻打海斗士，我一集都没有落下。从那时开始，我喜欢上了日本的漫画，里面英俊的人物形象，五花八门的神奇招式，无不让我痴迷。

时隔10多年后，也就是2004年我来北京的时候，这部被人们逐渐淡化的动画突然宣布要出续集了，也就是《冥王十二宫篇》，那时还是VCD流行的年代，我买了一套，拿到家里看。

再后来，我来到了北京，还买了一个二手笔记本电脑，这样就可以拿来重温。那时的我从不看什么励志书，我把这部动画片就当成我最好的励志书。

十岁的时候，看的是情节和打斗；二十多岁再看时，虽然觉得情节是那么假，招式是那么的程式化，但是我更为看重的是星矢他们在一次次被强敌打倒后，总是能够一次次站起来的斗志。他们从星河擂台赛，到黄金十二宫，神斗士，海斗士，冥斗士，一关关地闯过，很多次他们命悬一线，奄奄一息，但为了心中的信念，他们又一次次创造了奇迹，打败了看似不能战胜的对手。回过头看看他们的成长史，无不都是从被打得遍地找牙中越挫越强的，他们在痛苦中思索，在失败中领悟，在血泪中蜕变，领悟了第七感（我的理解，第七感就是人的潜意识，就是唤醒心中的神性），最终成为实力丝毫不逊色于黄金斗士的最强圣斗士。

同样，作为一部优秀的动画作品，这本书的主题不是单一的，并不仅仅是简单的打打杀杀、在战斗中变得更强的故事，里面还穿插了圣斗士令人动容的友情，师徒情，亲情，爱情主题。为这个热血的故事添加了一抹柔软和温情气息。也可以说，圣斗士的主题就是一个字——爱。是爱，使得五小强们有别于敌人，心中充满坚韧，能够一次次百折不挠，逐渐让自己变得强大。

2008年，圣斗士又推出了《冥王决战篇》。这样，这部动画片终于到了大结局。从童年到青年，到30岁，我们告别了这部动画片，同时我们的青春似乎也即将谢幕了。

老男人看动画片看的不是情节，而是情怀。愿自己也是一个为女神（爱）而战的圣斗士，愿这份自强不息的精神永存心中！

飞马座的幻想

生命会找到它自己的出路

人生是走直路还是弯路，是从填大学志愿开始的。想一想大学的志愿是根据什么来填的？是以谁的意愿来填的？

我喜欢历史，但填的却是跟历史丝毫没有关系的市场营销专业，是完全按照父亲的意见填的。当时的想法很简单，就是父亲在厂里以前是搞生产的，一个月就是那点固定工资，后来调到销售科，发现销售是个很肥的差事，而且认识到市场经济是买方市场，销售决定生产，学市场营销将来肯定很有“钱途”。但是我对销售并不感冒，性格里本就不喜欢和人打交道，但是我又能学什么呢？历史？太冷门了，毕业了除了当老师还能做什么呢？再说一个学校能有几个历史老师呀，怎么能跟外语老师，数学老师，语文老师比呢？很明显，这个专业毕业就是意味着失业。

但是实践是最有发言权的，经过岁月的洗刷，经过北京这几年的摸爬滚打，我见识到了，生命都是逐渐往它最本真的方向成长的。

就说来北京之后，我开始做的是铝材销售，一份我并不喜欢的工作，连我们经理都说我书生气太浓，说话太不知道考虑，太单纯。是的，和他们在一起，我显得格格不入，我很痛苦，觉得毕业走入社会，要么就是改变自己，学会融入他们这个群体；要么和社会丝毫不妥协，宁愿孤独，不为所动。当然，这样下场会很惨。就这样，才会有那次来北京前夜被刷的窘境，那次痛苦，是我近十几年来哭得最伤心的一次。人们都说，总有一次哭泣，让人瞬间长大。我承认，我的那次痛哭，让我瞬间明白了些什么。

来北京之后，我体会到了真正的自由，未来的路怎么走，完全自己来做主，家人丝毫干涉不了我，再也听不到父母在我身边的唠叨了。那种感觉就是一个字：爽！

同时，我心里也很明白，我要走我自己的路，做我喜欢的事，当然前提还得是能找到工作。那时我的本科学的是中文，算是我比较喜欢的专业，所以我很自然地找类似编辑的职位，这样的工作比较符合我的特点。这一切都是很自然地转型的，没有人引导我，也没有关系帮我疏通，完全是自己认准了，就去投简历、面试。刚开始做编辑这一行，还是挺有信心的，所以上来就自己编写了两本书，虽然很不成熟，但是也说明了，做自己喜欢做的事，会有极大的能量和热情。但是毕竟是没有经验，我的第一份编辑工作没有得到太大的价值体现。而后又接连碰壁，以至于对这一行一度产生过怀疑。彷徨了两年多，才算是坚定了信念，同时学到了真正的东西。

等到做编辑做了七八年后，人已三十好几，感到自己再也难以有大的进步和发展了。我感到焦虑起来，自问自己40岁、50岁时还要这样每天面对这些程式化的工作吗。我的青春已经逐渐流失殆尽，我感到我的人生还缺少一件很重要的东西。我突然觉得，这一行虽然还算是喜欢，但还并不是我真正擅长的。我很清楚，我最喜欢、最擅长的是历史，虽然我在填大学志愿时没有填历史专业，但是这么多年我一直没有忘掉它。我很清楚，虽然经过了这么多年，但只要一谈起历史这个话题，我的眉毛都会瞬间挑起，平时沉默寡言的我，都会立马打开话匣子滔滔不绝。那一刻，我感到我的体内有东西被点亮了，我真正感觉到了自己价值的存在。从事自己喜欢的历史行业？为什么不呢？在我的青春即将耗尽时，我终于明白了，人，千回百转，终将还是要做自己，做自己真正热爱的东西。

平凡之路——朴树

因为有爱，这些岁月才叫生活

单纯地看时间，它只是一个符号，只是一个一个时间数字的堆砌，一天又一天，一年又一年。那么，是什么让这些时间岁月，成为有意义的人生呢？是的，因为有爱，也只有爱，才能让这些岁月，成为我们恒久不忘的回忆。

回忆以往在老家的岁月，我大部分的欢乐时光都是在姥姥家度过的。那时因为父母工作忙，我3岁前基本是由姥姥抚养带大的，所以我对姥姥有着非常深厚的感情。后来我上学了，虽然不在姥姥家住了，但只要是周末，只要是节假日、寒暑假，我都会去姥姥家过假期，尽情地和表哥、表妹、表弟玩耍。我们在那里留下了许多欢声笑语，那里就是我童年的天堂。

是的，这一切的一切，都是因为有我姥姥在。

姥姥烧的菜特别好吃，每当过寒暑假时，我都会长好几斤肉，我也很纳闷，我这么挑食的人，为何对姥姥做的饭菜那么情有独钟呢？每次周末去姥姥家，她都会热情地给我们做满满一大桌好吃的，谁没有来，还会特意打电话，人不来齐，就不开席。

姥姥对我们的爱真的是无法用语言表达……虽然外人看来这些都是平凡小事，但在我心中，正是姥姥这些年不断地付出，才让我们真正体会了什么是崇高而伟大的爱。

那时姥姥才60多岁，下厨房干家务高效利索，健步如飞。时光荏苒，20多年过去了，姥姥已近90岁，因为驼背和瘦弱，身材看起来如同孩童般大小。每次回家乡，看见风烛残年的姥姥，我都会偷偷地抹眼泪。是呀，时间都去哪儿了？20多年，姥姥已被岁月摧残得面目全非。唯一不变的，是姥姥对我们的牵挂，对我们的爱，因为有着她的这份爱，这逝去的20多年，这些冰冷的数字，才有了温暖，才叫生活。

PS：就在写完这篇文章不久，老家传来了不幸的消息：姥姥病重住院，不久就去世了。一切都是那么突然，本来还想着春节回去看看他老人家的，终究还是没能见上最后一面。

姥姥没了，那个姥姥生活了三十多年的老房子也要卖掉了。我的童年天堂即将化为尘埃。时光真的是太无情。好好珍惜眼下的亲人，和现在的生活吧。

时间都去哪了——王铮亮

我寻遍全世界，最爱就在身边

我有一个大学同学，叫石景峰，上大学时我们就展现了各自不同的爱好，他喜欢中医，我喜欢历史，虽然我们学的是市场营销专业。后来我们毕业，都在找工作中遭受了很多挫折，我们在人才市场发现，自己所学的专业最终只能找些业务员之类的工作后，便各自重新选择出路。我选择了攻读自考本科，但是专业改成了中文，因为我知道我喜欢的历史太过于冷门，算是对自己的一个妥协吧。而我那个同学则没有选择继续求学，而是选择了炒股和期货，他认为学这东西挣钱很直接，或许比上班要容易很多。那时的我们就是这么天真，说做就做，也没时间没条件考虑那么多。

后来就这样过了两年，我的本科因为英语这门学科难度太大，出现了“瓶颈”；而石景峰因为学了很多期货和炒股但最终没有挣到钱，而屡屡受挫。就这样，我们都该到了抉择的时候了，毕竟我们的年龄都不小了。他最终听从了他父亲的安排，进了电气焊学校，将来成为一门技术蓝领工人，进国企，拿“铁饭碗”。这条路他不喜欢，觉得有些屈才，但是也没有办法，只要有出路，能挣钱，他也就顾不得那么多了。他当时也劝我，让我也跟着学电气焊，还说这是唯一的出路，毕竟我们不能再这样迷茫幻想地过一生了，该是向现实低头的时候了，趁着我们还年轻，还来得及。

但是，我不甘心。我想，我们当初为何要念大学，还不是想走学习升学这条路，现在变成了学技术，早干什么了？我不甘心，所以我没有妥协，没有和他一起学技术。就这样，我来到了北京……

十年后，石景峰最终也辞去了电气焊的工作，而最终学起中医，成了一名小有名气的大夫。而我也最终决定，重拾我的最爱——历史，开始写本书，过激情澎湃的生活。

正所谓，不忘初心，方得始终。我们百转千回，最终选择的，就是当初自己喜欢的，这个道理我们其实很早就明白了，只是迫于生计，我们放弃了当初的梦想。

人就是这样，最好的就在身边，但是从未重视过、珍惜过，往往在世界走了很大一圈，最终还是在身边找到了。

其实人的一生就是不停地走的过程，迷茫也好，困厄也罢，都不会停下脚步，其实想想，我和这位老同学也挺好的，中间虽然走了岔路，但我觉得那不是错路，因为不管怎样，那也是一种经验和感悟。经历了岔路，我们才会更加明白这个道理、更加坚定自己的选择、更加珍惜这来之不易的生活。

稻香——周杰伦

天空没有痕迹，但是我已经飞过

我以前最大的理想就是希望将来在历史方面有所成就，自己也能名扬天下。但是这几年，我不这么想了。人生看重的应该是过程，能做自己想做的事就是成功，出不出名到在其次。就像诗人泰戈尔说的那样：天空没有痕迹，但是我已经飞过。

作为一个知识分子，一个热爱历史的人，我视这份热爱为我的人生使命，毫无保留地奉献自己，而不是为了名利。试想，难道没有出名，就不热爱了吗？难道没有发大财，就不喜欢了吗？不是的。这个从我童年时，从我还不懂得名利为何物时就为之热爱、为之废寝忘食的历史，就是我的价值的体现，就是我来到这个世界的意义。

天空无边无际，就像那历史年轮的长河，在这幕青春的长河里，你我就是那一只只鸟儿，欢快地飞过，我们都没有留下名字，但是我们却已飞过，只要有意义、有追求地飞过，我们就没有白活。这样的一生至情至性、自由洒脱，这样的青春绚烂多彩、优美如歌。

回首历史，那一群群从历史长河飞过但没有留下名字的，还有这样一群年轻人：他们就是抗战时，云南的腾冲和缅甸的同古、密支那、棠吉、腊戍、野人山等战场，埋葬的十万名远征军的忠魂。他们很多都是大学生，响应政府的“一寸河山一寸血，十万青年十万军”的口号，而毅然投笔从戎的。他们中很多人原本可以从事科学研究事业扬名立万，可以去国外留学深造，甚至可以移民到国外过更好的生活。但是国难家仇，山河破碎，一份份赤诚的报国之心，使他们毫不犹豫地放弃了个人的光明前途和大好生活，大部分人最终付出了年轻的生命。他们的青春被永远地定格在了那一刻，他们的青春才是真正的不朽。他们飞过的天空不留痕迹，但是他们永远会被历史所铭记！

每次唱着：男儿应是重危行，岂让儒冠误此生。况乃国危若累卵，羽檄争驰无少停！弃我昔时笔，着我战时襟，一呼同志逾十万，高唱战歌齐从军……我都会泪流满面，深深体会到了生命的炙热，青春的执着。在和平年代的我们，有一份值得奋斗的事业，这就是人生莫大的荣光。

知识青年从军歌

2013年印记

这一年，四川雅安地震，让我想起了5年前的汶川；这一年，禽流感的暴发，让我想起了10年前的非典。我想到了，灾难面前，人命的渺小；也想到了，在全国人民无私的资助下，人心的伟大。

这一年，《致青春》大火特火，青春怀旧风成为热点，我周围的人们，似乎也变得多愁善感起来。我想到了，时光面前，青春的短暂；也想到了，在梦想的鼓舞下，岁月的不朽。

无论走多远，都不要忘了回家的路

随着在北京时间日久，尤其是结了婚、有了孩子之后，回老家的次数越来越少了。从刚来北京时的一年回去两次，到现在的两年多才回去一次，我的生活重心已然在北京。尤其是此时此刻，我已经两年多没有回去了，家乡的景象，家乡的亲人朋友的模样都有些模糊了。有的时候，我做梦会梦到老家的道路，梦到老家的亲人和儿时的同学玩伴。心中的乡愁让我不能自已。

2004年，我离开家乡到北京，那时的我是那么迫不及待地渴望着离开家乡，渴望着冲破樊笼，看一看外面世界的繁华。那时的我，还把“我把故乡当作母腹，出来了就没有回去的道理”作为誓言。来北京之后，再看看老家的小和破旧，就越发不想回去了。总觉得水往低处流，人往高处走，发誓一定要闯出一片天地来，再也不回那个破败落后的家乡。

但随着岁月的流淌，随着在北京经历了很多事，又去了全国很多地方，体验了不同城市的风土人情、美食美景，我却越发感到了家乡的好，怀恋起家乡来。我觉得再美的山水都没有家乡的千山和二一九公园美，再威严雄伟的建筑也没有家乡的玉佛苑、市府广场、焦耐院壮观，再美味的美食也没有家乡的南国梨、小鸡炖蘑菇好吃，再高级的宾馆也没有我家里的那张小床睡得舒服。一年365天，我睡眠最好的一次，就是回老家睡的第一夜。躺在我自己的那张床上，睡得分外香甜，漂泊多年的灵魂和我日渐成熟以致衰老的肉体一同沉眠。真希望我能这样睡得再久些，再久些。

去年春运，电视播放了一个广告，一个北漂男孩过年回到又冷又偏远的故乡，中间倒了很多次车，费了不少周折，路上遭了不少罪，但是他却不以为苦，反而心情格外欢欣雀跃。在乡村的小路上，下了车的他，急不可耐地往家的方向奔跑，中间还摔了一个大跟头，然而他却大笑着从冰雪中爬起来，因为前面不远就是梦寐以求的家了！他迫不及待地推开了家门，大喊了一声：妈！我回来了……

看到这，我的眼泪不禁在眼眶里打转，是啊，春运时，全国几亿大军都在赶往家乡，这条路可想而知有多么艰难，听说有很多人因为买不到车票，只能自己骑着摩托车甚至骑马走几十个小时的路回家。为何人们对家乡如此眷恋和执着呢？因为这里是生我养我的地方；因为这里记载了我的童年和学生时代，是我人生最美好、最纯真的时光；因为这里有我的亲友这一感情的羁绊；因为这里是你我永远的根！

所以，再大的困苦，也挡不住漂泊在外游子的那颗归家的心。无论走多远，无论过多久，无论经历多少世间繁华，我们都不会忘记那条回家的路。

回家的路——刘德华

青春很短暂，心情最重要

春天过去了还会再来，花儿凋谢了还会再开，但是人老了、青春逝去了，可就永远回不来了。

所以，这世上最宝贵的，是青春。

但事实往往是，我们在拥有青春时，却并不知晓青春的可贵。这段时光中的我们总是有着太多的不如意，总是苛求完美的自己。我们讨厌自己不够漂亮，不够高，不够苗条，不够聪明，不够有钱，甚至埋怨没有个好的背景，抱怨人生没有出路。就这样在自卑和抱怨中，白白浪费了青春。

殊不知，当我们这些年只盯着眼前的小污点时，我们早已错失一整片美丽的花海。

为何我们不能笑着接纳自己，接纳生活，去拥抱这美丽的青春呢？

相信我，只要你笑着面对生活，你会发现一个新天地，一个你以前从未见过的天堂。

只要保持这样的一个习惯，那就是再苦再难时也要尽力保持微笑，因为保不齐哪个女孩（男孩）就会因为这个笑容而爱上了你。相信我，自信的微笑，是人最有魅力的时刻。哪怕你当众出糗，哪怕你被老板痛骂被贬低得一无是处，哪怕你遭到他人的不解和白眼，哪怕陷入人生的沼泽看不到出路，你都要尽力保持微笑，只要一笑，你就不再是生活的失败者；只要一笑，你就能跃过生活的泥泞，触摸到了你神圣的本真。

我在北京最低谷最孤独的时候，曾经在我生活里出现了一个女孩，当时她也正处于人生低谷中，可能出于同命相怜的心理，我曾想试着和她交往。但是我发现，我们各自都有些孤僻的性格，根本擦不出爱的火花。交往中，稍微有些磕绊，双方就会缩回自己的领地，各自舔砥伤口。其结果只能是分手。过了几年后，我们各自都结了婚，也都从低谷中走了出来，彼此心里都已释然，可以笑着谈论那段往事。当我看到她老公的照片时，突然被他那张淡定微笑的面容吸引住了。我顿时明白了，其实，作为一个人，最为重要的特质，是要“笑对人生”。看见他山一样的稳重坚毅，海一样的豁达爽朗，以及风一样的迷人的微笑，我就明白了，这个男人值得托付一生。

如果你还是不以为然的话，可以试着想想，如果你此时正为一件棘手的事而惊慌失措时，面前突然出现了一个人，爽朗地冲你微微一笑，那笑容充满纯真和洒脱，那一刻，让你觉得“神马都是浮云”了。人，其实原本就应该是这个样子的。生活，其实很简单，生活原本就是快乐的。感到生活不快乐，是因为你把生活想得太复杂。

看看伟大的喜剧大师查尔·卓别林先生在他70岁生日时，写下的人生感悟吧。他以他近一生的经历感悟，告诉了我们，人生的真谛。

活着，不要违背自己的本心：这叫作真实。

不要把自己的愿望强加于别人：这叫作尊重。

我不再渴求羡慕别人的人生，我把发生在身边的事情，都看成是对我成长的邀请：这叫作成熟。

我发现，我其实一直都在正确的时间，正确的地方，发生的一切都恰如其分：这叫作自信。

我不再牺牲自己的自由时间，不再勾画什么宏伟的明天，今天我只做有趣和快乐的事，以我自己的节奏，做自己热爱、让自己欢喜的事：这叫作单纯。

我开始远离一切不健康的东西，远离一切让我远离本真的东西：这叫作自爱。

我不再总想着要永远正确，不犯错误：这叫作谦逊。

我不再遗憾过去，也不再为未来担忧，我只活在当下，活在此时此刻此地：这叫作完美。

我不再害怕自己和他人的分歧、矛盾和问题，因为即使星星有时也会碰在一起，形成新的世界。我明白，这就是生命！

那些花儿——范玮琪

少有人走的路

《少有人走的路》是一部杰出的心理学经典，从这本书被引进到国内，至今已经有10多年的时间了。以前作为一名读者，在逛书店时，经常可以看到它的身影，只是因为种种原因，我一直没有亲自翻阅过，无缘一睹它的真容。

后来的一次机会，我在图书馆又看见了它，这回我终于把它借回家，准备仔细地研读。翻开书我发现，这是一本非常有深度的书，尤其是书中对于“爱”的阐释，更是让我获益匪浅，以往头脑中那些虚幻朦胧的爱的概念，由此有了更加清晰完整的认识。但也不得不承认，因为阅历的原因，初读这本书时，有很多地方我并没能完全消化。

再后来，因为一个机缘巧合的机会，我很荣幸地加入了策划出版《少有人走的路》这本书的公司，并成为这本书再版时的策划编辑之一。而当我以业内人士的身份，重新审读编校这本书时，才真正感受到了这本书的博大精深之处。

听主编说，这本书当年在引进版权时，他通读完了初稿，激动得流下了两行热泪，被作者振聋发聩的文字深深地震撼了。他甚至激动地发出了，这本书如果不能在国内畅销，便不再涉足图书领域的誓言。而《少有人走的路》中文版问世后，命运也是充满了曲折，一开始销量并不理想，后来经过人们的口碑相传，终于慢慢畅销起来，最终连续十年跻身全国各大书店心灵类畅销书榜前三名。

在这本书进行再版的时候，我们更是花费了很大的精力，倾注了全部心血，对翻译稿进行了逐字逐句的推敲打磨，吸取之前版本的经验和教训，让内容日臻完善；对于封面，我们同样是绞尽脑汁，不断和设计师沟通，先后设计出了十几个版本，在慎重取舍后，才最终有了现在大家眼前的升级版本。

而在编辑这本书的过程中，我自己也获得了又一次心灵的成长。我至今难以忘怀的是，在本书出片的前一天夜晚，我在家里加班，进行最后一次审稿的情景：当读到“意识的进化”那一节时，我激动得站了起来，终于明白了一个人心智成熟的过程，也就是成为神圣的自我的过程，当时那种醍醐灌顶的感觉，让我至今回忆起来内心都久久不能平静。

众所周知，一部经典名著，都是常读常新的，每一次都能有新的体会。《少有人走的路》这本书也不例外，我的建议是这本书至少要读三遍。当我们真正理解、并消化吸收了这本书的精髓，也就懂得了如何成为一个敢于承担责任的人，一个心明眼亮的人，一个心智成熟的人。

Billie jean——迈克尔·杰克逊

南锣鼓巷的喧嚣

南锣鼓巷，是我居住在北京大栅栏以外另一个热闹的地方。前面我说过，我刚来北京的几年，大部分时间居住在大栅栏，对那里充满了感情，大栅栏记载了我太多太多关于青春的浪漫回忆。而南锣鼓巷，同样也是一个名人荟萃、古色古香的地方，但是稍有不同的是，我搬到这边的时候已经结婚了。因为每天繁忙的工作和干不完的家务事，所以我已经不像二十多岁时那样有闲暇的时间可以经常逛逛了。

但是随着我的新家即将入住，我在北京租房的历史就快要终结，以后将要远离二环内的胡同生活了。所以，为了留下美好的记忆，我便用了一天的时间，仔细地逛了逛我生活四五年的住处，逛一逛南锣鼓巷。

顺着我居住的北锣鼓巷，往南走800米左右便是南锣鼓巷。同大栅栏相比，南锣鼓巷的历史更为悠久，可以上溯到700多年前的元朝时期。从那时起，这里便是繁华的商业街。那时的大元帝国是世界上面积最为广袤的国家，声播海内外。可以想象，有很多来自西域的琳琅满目的商品，以及来自阿拉伯、欧洲的商人，在这里买卖交易。意大利旅行家马可·波罗，也在这里记载了他对大元帝国的奇异见闻。那时的繁华，穿越至现在，亘古未变。

这几年，南锣鼓巷成了京城年轻人的休闲聚集地。由于中央戏剧学院也坐落于此，因此这条胡同里面聚集了很多年轻漂亮的美女和帅哥。夜晚霓虹灯闪耀，这里便成为年轻人游乐的天堂。在这条仅有七八百米长的小胡同里，酒吧、小吃、手工艺品小店、文艺服装店等等年轻人喜欢的东西，应有尽有。也可以说，这里一带是北京夜生活的中心。放眼看去，往西是什刹海、后海酒吧，往东是簋街美食夜市，再往东便是著名的三里屯酒吧一条街。我们在北京地图上可以看到，周五、周六的夜晚，在这蜿蜒十几公里的一条线上，许多在北京生活的大学生、企业白领、老外、文艺青年等，在这里举杯畅饮，引吭高歌，自由挥洒青春的热情，直至通宵。这一带成了北京不夜城的典型代表，为这座古老的城市，注入了青春的活力和张扬。

如今，我也将搬离这里了，一如多年前搬离大栅栏一样。但这次离别，我不会再流眼泪，因为我已明白，人生中每一次的离别，都是为了将来的一天更盛大的重逢。

我坚信，这不是青春的谢幕，而是另一种意义的开始。

十年——陈奕迅

愿我们的青春永不散场

十年前的夜晚，在北京城北的一家小饭店，我吃着汤面，抬头仰望星空，畅想着北京未来的美好生活；

十年后的夜晚，在北京城南的一家咖啡馆，我喝着咖啡，低头打字思考，回忆着北京往事的点点滴滴。

十年前，你在哪里，是否生活得快乐？

十年后，你在何处，是否实现了梦想？

十年，弹指一挥间，如梦如幻。

十年已逝，愿我们心中的那份炽热犹在，愿我们的青春永不散场！

永远年轻——鲍勃·迪伦

2014年印记

这一年的四月二十九日，我的儿子出生了。那一天是我最快乐的一天。生命得到传承，那一刻，我感到了一种神圣感。同时我又觉得自己老了，突然有了只争朝夕的紧迫感。总之，那一天，那一刻，让我终生难忘。

附录／时间的年轮

青春的回忆

2004年，我来到了北京，6月在公交招待所，结识了我的朋友——后来的室友周小天，我们在那个充满民国风味的旅馆住了一个月，经历了葡萄牙欧锦赛的激情夏日。

2004年，我在ABC铝业北京办事处，认识了我的同事徐珲、金少华、陈重，我们白天开车遍布北京各个郊区跑客户，晚上经常在一起喝酒，畅聊天南地北。还有，与我们组长的各种矛盾；以及那个冬夜，我穿着黑风衣在二环的排解郁闷的奔跑。

2005年，我第一次看见唐晓芙的那一眼，足够刻骨铭心。还有，晚间游走在大栅栏抒发的感慨，关于我的北京梦。

2005年，应聘党史编辑，被告知面试通过，让我第二天上班。这是我从销售转行做编辑的第一份工作，之前全无编辑经验。所以当我得知这家公司要我的时候，我的第一反应除了兴奋地发狂之外，还有对老板能收留我的感恩。我觉得老板之所以能聘用我，可能是他看见我对于党史编辑这一行业的热爱所打动了吧。毕竟，对任何一个公司的老板来说，收留一个没有相关工作经验的人，都是要有很大的勇气和善心的。

2006年，我来到这家公司做着自己喜爱的工作的春风得意，去图书馆查找资料，手写《永乐帝传》的乐此不疲，阅读《历史的回顾》《彭德怀传》《贺龙传》《叶挺传》《郑洞国传》《卫立煌传》的了悟及感慨。

还有2006年那个夏天，我的第一次恋爱，虽然我和她最后证明并不合适，但是那段浪漫的日子也是值得怀念的。

2007年，我再次来京，内心不安，那一年工作的不顺心，夜晚去网吧发简历，为自己的编辑前景迷茫痛苦着，而又不屈不挠着。

2007年，唐晓芙在时隔两年多突然给我打电话问候我的时候，我的心兴奋得都要跳出来了。因为这两年来，我一直在想着她，真的是“念念不忘，必有回响”。接到电话一听是她，我就感觉这是不是在做梦，总是不相信这是真的。那一刻，我感觉时间都静止了。这种感觉妙不可言，那一刻，深深烙印在我的青春记忆中。

还是2007年，当我打电话得知我的自考本科通过毕业时，我心里一阵狂吼，紧接着是感叹，想想自己的自考之路，真的是太不容易了，从刚开始犹豫是不是要放弃，到中间个别科目多次不通过的捶胸顿足、心灰意冷，到最后的百折不挠，过五关斩六将，默默坚持了这么多年，终得圆满时，让我不得不留下了高兴、激动、心酸的泪水。

2008年，重新回到前门，有了一份稳定的编辑工作，又能和唐晓芙见面，虽然只是朋友关系，但是已满足。

2009年，一个人生活有些孤独，但是在工作中也认识了很多朋友，给我的无聊的生活带来了一抹亮色。

2010年这份编辑工作无聊到极点，便打算在这一年进行改变，换工作+搬家，来到新公司工作和新住处，结识了新的人，还认识了我现在的老婆。当然，还有难忘的世界杯激情夏夜。

2011年，编辑了百万级畅销书《FBI教你读心术》。工作有压力，也有动力。

2012年，结婚，买房，生活现实了，不再空想了，也不怎么写日记了，这说明我的青春不再了吗?

2013年，萌发了自己创业的想法，为前途考虑。

2014年，儿子诞生。正式开始写这本书，中间也曾考虑放弃，最终在家人和朋友的鼓励下，坚持了下来。不为名利，只为情怀。

写给未来的自己

写给未来五年后的我：

你40岁了，现在过得还好吗，梦想实现了吗？自己创业了吗？顺利不顺利？不顺利也没关系，因为你勇敢地走出了这一步，不管成功与否，你已经尝试过了，你此生已不再后悔。我最大的希望，是此时的你，没有忘记你的初心——你为之热爱的历史。希望你的“中华大历史”，能够有所眉目。儿子上学了吧，是在北京念的吗？不在北京也没关系，你仍然是个合格的好父亲。

40岁的你，希望此时能有一个志同道合的朋友，他也喜欢历史，这样你就不会孤独了。对这个世界，也就有了一个宣泄的出口。

除此之外，别无他求。

写给未来十年后的我：

你现在有45了吧？人到中年，是否感到了危机？你和你老婆感情好吗，不会经常吵架吧？希望不会，因为这会影响你儿子的。儿子快上中学了吧？希望他的心理健康，学习成绩倒在其次，希望你能给他一个快乐的童年，活到这个岁数，应该能明白了，家庭已是重心，工作已经退到第二位了。

但我还是希望这时的你还在北京，哪怕儿子无法在北京上学，因为你没有退路，当初既然选择来到北京，就应该在这里开花结果，不能走回头路。就像一个人说过的：既然走上了这条路，就无法可回头。

写给十五年后的我：

难以想象，这时你都已经50岁了，儿子都成了半大小子了。你感到你老了吧，你父母身体还好吧，这时的你应该深刻明白了身体健康，才是最重要的。

好吧，这时的你，我也不再要求你的事业要如何如何了，必须要在北京怎样怎样了，当然你如果此时事业有成，出了畅销书是最好的，但是我明白，这样的成就是很难的。我要说的是，希望你能珍惜你在北京这几年打拼的日子，你已经走过，你无怨无悔了，不要管别人怎么看你，在我眼里，你一直是最棒的！

好了，为了你的父母得到更好的照顾，为了你的儿子更好地得到你的教育，这时，我允许你，一切以家庭为重。

写给二十年后的我：

你已经55岁了，老了，确实老了，你儿子都大学快毕业了，他已经独立了，此时，我不要求，甚至是不希望你在北京生活了，这里太嘈杂，太浮躁了，你应该去小城市生活，最好是回到老家，叶落归根。去和你的老朋友老同学会会面，过着悠闲自得、闲云野鹤的日子。